U0324045

从平面与竖向空间入手的

建筑快速设计策略

陈冉　谷兰青

主编

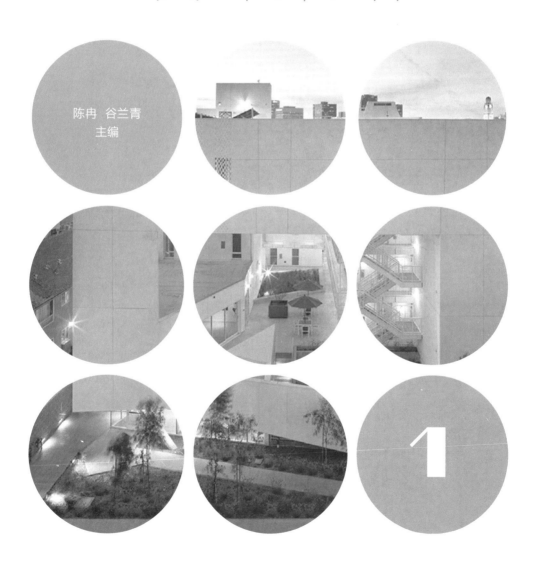

1

同济大学出版社

图书在版编目（CIP）数据

从平面与竖向空间入手的建筑快速设计策略 / 陈冉，谷兰青主编 . -- 上海：同济大学出版社，2020.7
建筑设计基础教程
ISBN 978-7-5608-8819-4

Ⅰ . ①从… Ⅱ . ①陈… ②谷… Ⅲ . ①建筑设计－教材 Ⅳ . ① TU2

中国版本图书馆 CIP 数据核字 (2019) 第 255983 号

从平面与竖向空间入手的建筑快速设计策略

陈冉 谷兰青 主编

出 品 人 华春荣
责任编辑 由爱华
责任校对 徐春莲
装帧设计 吴雪颖
出版发行 同济大学出版社 www.tongjipress.com.cn
（地址：上海四平路 1239 号 邮编：200092 电话：021-65985622）
经 销 全国各地新华书店
印 刷 上海龙腾印务有限公司
开 本 787mm×1092mm 1/16
印 张 6.5
字 数 162000
版 次 2020 年 7 月第 1 版 2020 年 7 月第 1 次印刷
书 号 ISBN 978-7-5608-8819-4
定 价 48.00 元

PREFACE
前言

　　建筑快速设计是建筑学专业人员在升学以及求职过程中的必备能力之一，由于其应试时间的限制，建筑快速设计对思考和绘图的逻辑与速度都有着高水准的要求，因而其也成为众多建筑学学子迫切希望提升的技能。本书的作者总结其多年快速设计教学和各类型快题设计研究经验，将近十年来的教学精华成果编撰成本系列丛书，旨在帮助有需求的建筑学子提升建筑快速设计能力。

　　本套图书分为四册八大篇，分别从不同角度系统介绍了快速设计的解题策略。每个篇章的框架由三项固定内容构成：第一部分是对其对应主题的快速设计策略以及表现技法的介绍，图文并茂，深入浅出，满足不同层次的读者的阅读需求；第二部分是实际案例分析，精心挑选出的案例具有很强的代表性，方便读者将第一部分理论联系到实际；第三部分为快速设计作品分析，选取优秀作品进行亮点分析，使读者可以对快速设计成果有更为直观的认知，同时也便于自身对比学习。

　　本书主要讲述了从平面和竖向空间入手来解决快速设计中的问题。上篇介绍不同功能空间布置方式，并针对空间组合模式、制图与表达两个方面，进行了详细的举例和阐述。下篇主要介绍了建筑空间优化技巧，并通过对经典案例的分析，展示了剖面的绘制流程与技法。同时，结构选型的绘制方法及其对剖面设计的影响也是需要注意的知识点。通过对本册的学习，读者可以对建筑空间设计的基本要素有系统的了解，为后面的学习打下了坚实的基础。

CONTENTS
目录

PART 2 下篇 从竖向空间入手的快速设计策略

编委会

主编

陈 冉 谷兰青

编委

程 旭 陈宇航 郭小溪

田楠楠 严雅倩

PART 1

上篇 从平面入手的快速设计策略

1 平面中的基本要素空间

　　各类建筑都存在自身的要素空间，这也是区分建筑类别的基础。例如，住宅类建筑内主要包含与日常生活相关的客厅、餐厅和卧室，其中客厅和主卧的空间等级和尺度大于其他功能空间；展馆类建筑包含大量的展示空间和相对应的办公辅助空间；商业建筑拥有较多的消费性空间，如餐饮区或者贩卖区。

　　然而纵使建筑的种类千差万别，组成每栋建筑的要素空间仍然可以用一个较为统一的框架来归纳与梳理。

1.1 主要使用空间

　　建筑的分类取决于其核心空间的功能，例如，体育馆的核心空间一定是体育场馆，活动中心核心空间则是活动教室，旅馆则为各种规格的客房。然而不能忽略的是与核心功能相辅相成的次要功能空间，例如体育馆、活动中心的管理用房，旅馆的餐厅等。浅显易懂地说，在一栋建筑中具备一定功能性、人需要长时间停留的空间通常都是主要使用空间。

1.1.1 按功能区分

　　如前文所提及的，建筑中的主要使用空间包含决定建筑功能性质的核心功能空间和其他次要功能空间。对于快速设计中的不同建筑类别，核心功能空间与其他功能空间的类型亦有所不同（表1-1）。

　　需要注意的是，任何类型建筑中的核心功能空间都是整个方案设计中的重中之重，要格外注意核心功能空间品质性的营造。核心功能空间的品质一般包含尺度、形态、朝向和空间体验等方面，例如在设计住宅时，需将设计重心放在家庭的核心空间的品质上，如客厅的尺度要宽敞，空间形态不宜过度异形，同时可加入天窗和通高等元素丰富空间体验；在进行展览建筑设计时，则首先要保证观展空间的品质，空间尺度满足观展距离的要求，流线合理，并加入竖向空间处理丰富观展体验。

　　在平面布局中，区分核心功能和次要功能也可以实现功能分区，形成清晰无交叉的流线设计。例如在博物馆设计中，就可以将核心功能——展示，与次要功能——管理办公分开布局，实现参展人流与办公人流的分离。

表1-1 各建筑类型的主要使用空间

建筑类型	核心功能空间	次要功能空间
住宅类建筑	客厅、厨房、餐厅、主卧、次卧、书房	保姆房、客房
办公类建筑	办公室或开放办公区域、会议室	门卫
展览类建筑	展厅	管理办公、附加商业
文体类建筑	教室、活动空间	管理办公
商业类建筑	消费性空间（店铺、餐饮区、客房）	管理办公

1.1.2 按空间尺度区分

建筑中的主要使用空间也可以根据空间尺度来区分。不同活动的发生需要不同尺度的场所来承载，因而同一个建筑中的空间大小也因不同的使用功能而异。一般来说，快速设计中常见的空间尺度大小可以按照四个等级划分：

首先是小尺度的空间，大小一般为 15 ~ 30 ㎡，所涉及的功能一般为小型办公及管理用房；其次是中型尺度的空间，大小一般为 40 ~ 60 ㎡，一般活动教室、会议空间都在这个范围内；然后是大型尺度的空间，大小为 90 ~ 120 ㎡，大型活动室、合班教室以及小型的多功能厅均可适用；最后是超大尺度的空间，大小为 200 ~ 400 ㎡，一些大规模建筑中的多功能厅与报告厅一般处于此范围。

对于快速设计，常采用 7000mm、8000mm、9000mm 作为方案的柱跨。因而当采用这些柱跨做设计时，各个尺度等级的空间在柱网中所占据的空间大小具有一定规律性（图 1-1）。

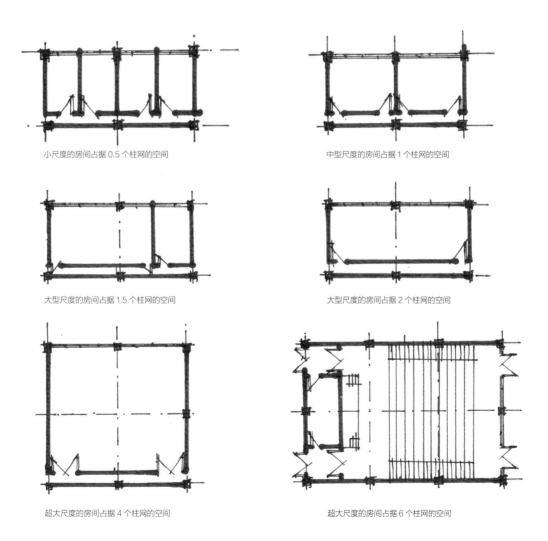

小尺度的房间占据 0.5 个柱网的空间　　　　　　　　　中型尺度的房间占据 1 个柱网的空间

大型尺度的房间占据 1.5 个柱网的空间　　　　　　　　大型尺度的房间占据 2 个柱网的空间

超大尺度的房间占据 4 个柱网的空间　　　　　　　　　超大尺度的房间占据 6 个柱网的空间

图 1-1　不同尺度房间在柱网中占据的空间

1.2 交通空间

1.2.1 入口

入口在建筑中起着举足轻重的作用，它是划分室内外空间的界面，直接连通内外空间，也是一个兼顾人们生理与心理的过渡空间。入口空间，尤其是主入口要关注其空间品质的营造。一般来说，在设计上主要关注入口位置和入口环境的处理。

1. 入口位置

建筑入口位置的选取要同时考虑多种情况，首先是外在因素，例如主入口应设置在人流来向、景观朝向以及交通因素干扰较少的方位。同时也要考虑自身内部的流线组织，一般来讲，入口宜设置在较为居中的位置，从而实现快速分流，并且可以使得从入口到达建筑各个空间的流线长度较为平均（图1-2）。

建筑入口的周边环境的品质也在设计考虑范围之内，入口环境起到连接城市空间和建筑的作用，是一个过渡缓冲空间。在快速设计中，可以根据建筑类型与规模来选择不同的环境处理手法。

2. 入口环境设计

入口可结合广场设置，用于中大型公共建筑，如博物馆和商业建筑等的入口环境营造。广场可以烘托建筑体块的宏伟感，同时还能起到集散人群和开展相关户外活动的作用（图1-3）。

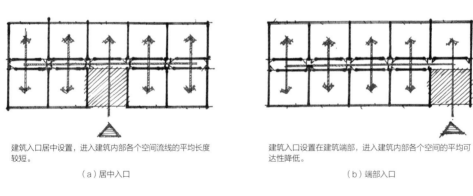

建筑入口居中设置，进入建筑内部各个空间流线的平均长度较短。

（a）居中入口

建筑入口设置在建筑端部，进入建筑内部各个空间的平均可达性降低。

（b）端部入口

图1-2　入口位置与流线长短

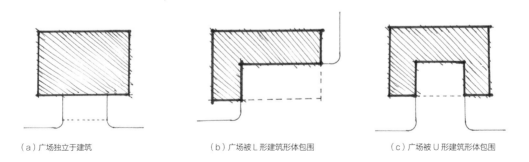

（a）广场独立于建筑　　　　（b）广场被 L 形建筑形体包围　　　　（c）广场被 U 形建筑形体包围

图1-3　广场与建筑

入口还可以结合庭院设置，来营造多层次的室外空间。诸如会所与休闲类建筑，入口环境适合采用庭院进行优化。庭院除了能够营造优美的自然环境外，还能够将室外开放空间限定为半开放空间，丰富人们的行走体验（图1-4）。

入口还可以结合水池设置，营造静谧清新的入口环境。同时适当运用水元素，能在丰富平面环境的同时，起到调节微气候的作用。然而考虑到水池的维护难度与成本，宜将其置于人流量最大的位置，如主入口，从而发挥最大的观赏价值（图1-5）。

入口结合墙面则可以形成具有较强引导性的入口环境，干净的墙面也能体现出空间的禅意。同时墙面也可以作为建筑中所穿插的造型元素，与入口环境交相呼应（图1-6）。

除了入口连接的外部环境，入口本身也需要考虑空间处理。这里指的是建筑入口的灰空间营造意识。加建雨棚是一种常见的入口灰空间营造形式，但是对于快速设计而言，由于其形态的独立性与外凸性，具有一定操作难度。所以在快速设计中，直接对建筑进行形体操作形成灰空间，可以在满足雨棚功能的同时也使得建筑立面有了虚实对比。

建筑的入口空间因要考虑建筑的室内外高差，而需要设置台基或者大台阶，台基面和大台阶的设计也可以影响入口的空间品质。台基面可以通过置入花池来增强景观性与引导性；尺度较大的台阶则可在其中心部位做挖空处理，形成通高空间，也可以作为树池（图1-7）。

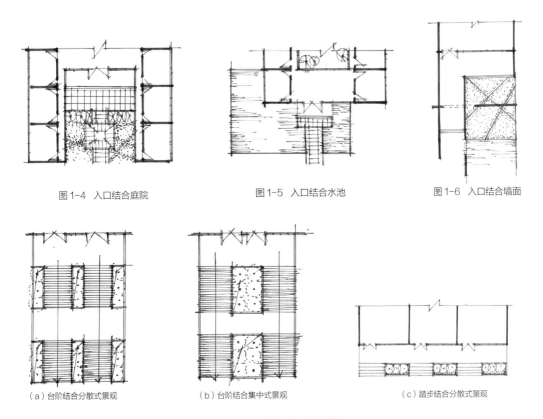

图1-4 入口结合庭院　　　　　图1-5 入口结合水池　　　　　图1-6 入口结合墙面

（a）台阶结合分散式景观　　　（b）台阶结合集中式景观　　　（c）踏步结合分散式景观

图1-7 台基面结合景观树池

1.2.2　门厅

门厅是进入入口后的一个室内缓冲空间，是进入建筑后的首要公共空间，在公共建筑设计中属于一个重要的节点空间。

1. 门厅的动与静

门厅作为建筑中重要的交通空间，具有很强的动态性，同时，作为一个集散场所，门厅也具有静态属性。

门厅的静态属性主要体现在休息与停留功能的置入。休息与停留空间为人们提供了等候、休息与交流的场所，例如旅馆大堂的休息区、办公楼问讯处和展览建筑的售票区域等。在一些快速设计中，还可根据题目要求将休息与停留功能结合临时展区与茶座空间设计。然而休息与停留空间的置入也需要考虑门厅中的人流动线，通常这些空间宜放置在门厅中人流不会穿越的区域。

门厅的动态属性则体现在它的引导功能上，即人流可以通过门厅分流到建筑平面与垂直空间中的各个角落。因而门厅的分流应涵盖水平分流与垂直分流两个方面。水平分流通过与门厅连接的走廊即可实现，垂直分流则可以通过门厅内或附近的景观楼梯、坡道、自动扶梯或者电梯来实现（图1-8）。

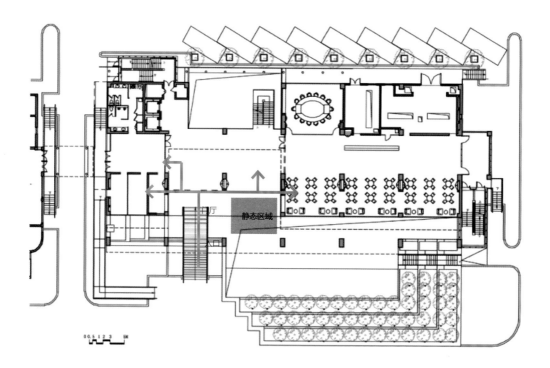

图1-8　门厅的动静属性

2.门厅空间处理方式

门厅是建筑中人们所接触到的第一个公共性的空间，其空间品质间接体现了建筑整体空间设计的气质，因而门厅空间的优化设计也是建筑设计中的一项重要内容。在快速设计中，常用的提升门厅空间品质设计策略包括置入景观元素、通高空间和提升自然采光质量（图1-9）。

景观元素如绿植与水体可以对人的心理有治愈作用，因而可以在门厅中加入景观元素来提升空间品质。此外还可直接在门厅中插入庭院来提升门厅的景观性，同时庭院还可以为门厅提供自然采光。

在门厅中设置通高空间，可以营造出大气宏伟的空间氛围，还可以增强门厅空间的开放度、视觉上的流动性和空间的趣味性（图1-10）。

自然采光能使门厅在日间充分利用自然光线进行照明。平面中常用来增加自然采光的方式有开设大片玻璃幕墙，竖向上则可考虑开设天窗或者高侧窗。

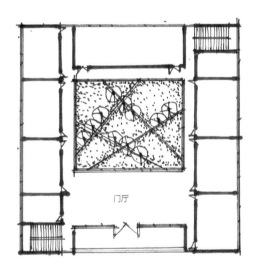

图1-9　门厅结合庭院

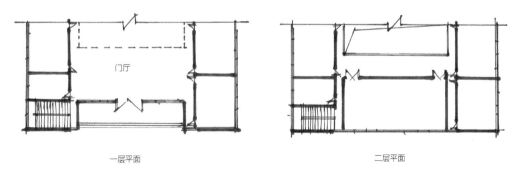

一层平面　　　　　　　　　　　　　　二层平面

图1-10　门厅结合通高空间

1.2.3 中庭

中庭一般位于建筑内部空间的核心，类似于建筑内部带有顶部围护结构的内院，可以出现在任何具备一定规模的建筑空间内，例如酒店、商场和办公楼等。

中庭能营造具有趣味性的交流空间。中庭的核心位置为人流的到达提供了便捷，同时可以将交流空间安放在中庭空间的一侧，或者是将一部分交流空间延伸至通高空间内来增强趣味性（图1–11）。

中庭还可以提升大体量建筑内部的光环境。规模较大建筑的一个弊端就在于其中心空间的采光不佳，但是随着中庭的置入，中心空间将消解为公共性空间，没有功能性空间对采光的高要求，同时将中庭上方的围护结构设置为天窗，还可以有效改善建筑内部的自然采光质量。

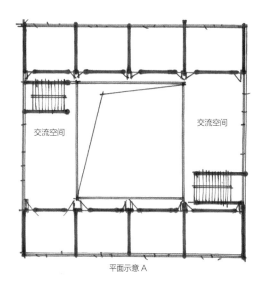

交流空间紧邻中庭通高空间。

平面示意 A

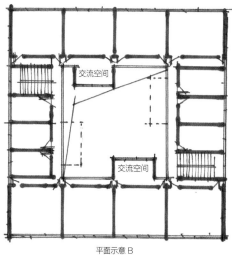

交流空间伸入中庭通高空间，形成丰富多变的趣味空间效果。

平面示意 B

图1–11　中庭中的交流空间

1.2.4 楼梯

楼梯是多层建筑中必不可少的空间要素，在平面与竖向上都起着分流与疏散的重要作用。在快速设计中，按设计质量，可将楼梯分为两个等级：第一等级的楼梯需满足建筑中最基本的疏散功能；第二等级的楼梯要在满足疏散要求的基础上提升空间的质量，即具备一定的趣味性与景观性。但不论何种类型的楼梯，其设计均需要满足规范与空间的要求。

1．楼梯的基本尺寸

楼梯间的宽度在建筑设计规范中根据建筑的类别与规模有着不同的要求，但是在快速设计中，由于题型所涉及的建筑规模适中，因而可以将其宽度进行简化处理。一般公建中的楼梯间宽度可简化为 3m，而住宅等小型建筑的楼梯间宽度不小于 2m 即可。对于楼梯间长度，较为精准的计算楼梯间长度的公式为：

楼梯间长度＝踏步面宽（300mm）×（踏步数量－1）＋休息平台深度。其中休息平台深度应大于等于梯段宽度。

但对于更为快捷的计算方式，可以根据建筑的层高和休息平台深度进行快速估算，可参考以下公式：

梯段长度＝层高

楼梯间长度＝梯段长度＋休息平台深度＝层高＋休息平台深度（图1-12）。

根据以上公式，还可以对直跑梯的总长度进行估算，即：

直跑梯总长度＝梯段长度×2＋休息平台深度＝层高×2＋休息平台深度（图1-13）。

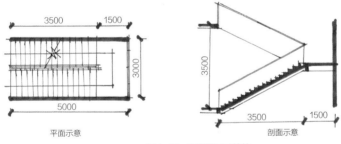

图 1-12　双跑梯尺寸估算

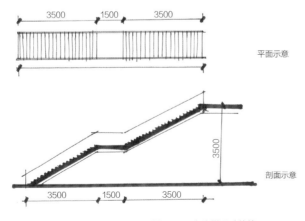

图 1-13　直跑梯尺寸估算

2．楼梯的类型与空间

快速设计中楼梯应根据所处的空间尺度与形态进行选择，与空间气质相匹配的楼梯将极大提升空间的品质。

双跑梯的优势在于所占空间小，适合作为辅助的疏散梯或者小型开放空间的景观楼梯。同时由于双跑梯所占空间规则，形态硬朗，还可将其围护结构设置为玻璃，设置在建筑实体的尽端或穿插于实体中来营造形态上的虚实对比（图 1-14）。

直跑楼梯自身形态优美修长，非常适合作为长条形空间中的景观梯。直跑楼梯还可以根据空间形态而改变自身形态，起到更为强烈的引导效果。若建筑自身具备一定规模，则可以设置连续的直跑梯贯穿整个建筑空间，同时设置通高空间提升空间质量（图 1-15）。

折跑梯是快速设计中对空间形态适应度极强的楼梯类型。简单的折跑梯即为由两个梯段构成的"L"形楼梯，由于梯段间的角度可以发生变化，因而可以适应非正交的空间形态。折跑梯还可以由多个梯段构成，形成字母"Z"状，当开放空间具备一定规模并且形态规则时，此类楼梯可以极大丰富空间的趣味性（图 1-16）。

多跑梯与双跑梯类似，自身形态规则，可作为小柱跨建筑的疏散梯，也可将楼梯间设置为玻璃盒子安插于建筑实体中。同时，多跑梯自身形成通高天井，可在天井区域置入景观元素提升空间趣味性（图 1-17）。

除以上楼梯类型外，还有一些用于特殊空间的楼梯。例如双分双合楼梯，适用于有仪式感的大型建筑，如博物馆与图书馆；旋转楼梯则适用于圆形或弧形空间，或者自成一体，与方正的建筑形体脱开，达到优化平面构图与活跃体块的目的（图 1-18）。

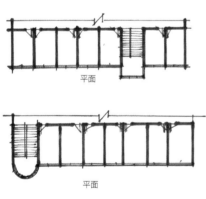

平面

平面

双跑梯可突出于建筑体块，通过材质和形态的变化来营造立面的对比感。

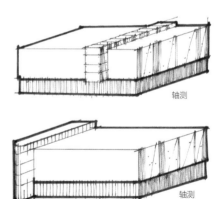

轴测

轴测

图 1-14　双跑梯

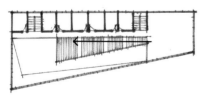

（a）直跑梯结合形变

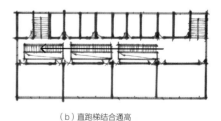

（b）直跑梯结合通高

图 1-15　直跑梯

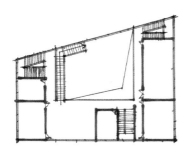

折跑梯形态灵活可适用于不规则的空间。

平面示意 A

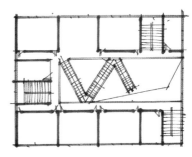

折跑梯可利用其灵活的形态丰富规则的中庭空间。

平面示意 B

图 1-16　折跑梯

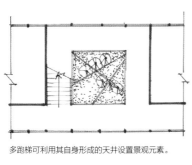

多跑梯可利用其自身形成的天井设置景观元素。

一层平面示意

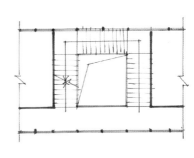

二层平面示意

图 1-17　多跑梯

（a）双合式楼梯

（b）弧形楼梯

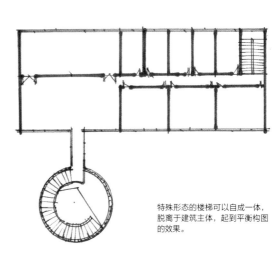

特殊形态的楼梯可以自成一体，脱离于建筑主体，起到平衡构图的效果。

（c）弧形楼梯的运用

图 1-18　特殊楼梯

3．楼梯的位置

起到疏散作用的楼梯主要位于建筑靠近尽端部分。在布置疏散楼梯时，应遵循规范中对于疏散距离的要求，位于两部楼梯之间的任何一点到达楼梯的距离不应大于 40m，位于袋形走道的房间到达最近楼梯的距离不应大于 21m（图 1-19）。

楼梯还可以设置在走廊内部，起到较为高效的分流作用。例如当走廊宽度充裕时，可将走廊内部挖空，设置直跑梯或通高空间（图 1-20）。

楼梯也可以放置在形体的连接处。建筑平面有时需要根据基地形态进行调整，为了保证主要使用空间的完整性与规则性，主要使用空间之间将出现异形的过渡空间，此时可将楼梯布置在此类空间中，保证其他空间的形态完整（图 1-21）。

如果建筑中出现了较大的内庭院或者是边庭空间，可考虑将楼梯置入庭院中，此举一方面提升了楼梯本身的景观性，另一方面可以保证建筑主要使用空间的完整性（图 1-22）。

楼梯还可以与其他辅助空间（储藏、卫生间、电梯间）一起，置于大空间内部，同时起到减少疏散距离和划分空间的作用，还可以为立面设计留出极大的自由度（图 1-23）。

对于一些规模较小的建筑，如住宅和一些小规模的餐饮建筑，楼梯可放置于建筑平面的中心，以最大化节省交通空间面积，还可以使平面呈现出流动性（图 1-24）。

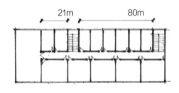

图 1-19　疏散距离

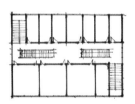

图 1-20　楼梯置于走廊内部

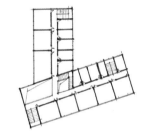

图 1-21　楼梯置于形体交接处

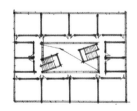

图 1-22　楼梯置于庭院内部

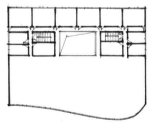

图 1-23　楼梯置于空间内部

图 1-24　楼梯置于建筑中心

1.2.5　走廊

　　走廊是建筑平面中重要的交通空间，也在空间组织上起着重要作用。如果将建筑空间比喻成"肌肉"，那么走廊就是身体中的"骨骼"，骨骼决定了身体的整体形态，因而走廊与建筑形态也紧密相关。

　　快速设计的平面布局中走廊最常见的是单外廊式与内廊式布局。单外廊式指仅在走道一侧安排使用房间，这样的建筑布局使得建筑进深较小，体量灵巧，还可以使所有房间都具有最优朝向，通风条件也较好，但是走廊的使用率较低，保温隔热性能较差。在北方，建筑外廊宜北向，使功能房间获得最大采光；在南方则宜将外廊设置在南向，作为遮阳设施（图1–25）。内廊式指走廊两侧均安置功能房间，是一种常见的较为经济的平面布局。内廊式布局的走廊利用率高，极大地节省了交通面积，但是部分房间的朝向可能略差（图1–26）。

　　走廊也可以通过平面上的变化来增强空间的趣味性。首先走廊的形态可以发生改变，形成渐变的空间效果；其次可以通过加大走廊宽度，再置入景观性元素（例如通高空间、楼梯或者景观）来增强走廊空间的趣味性；还可以结合走廊设置有节奏的等候空间，使走廊空间实现动静分离（图1–27）。

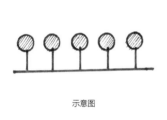

示意图

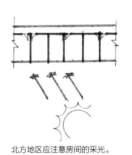

北方地区应注意房间的采光。

平面图

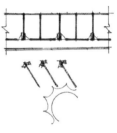

南方地区应注意房间的遮阳。

平面图

图1-25　单外廊布局

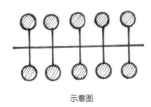

示意图

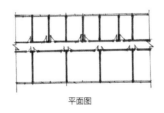

平面图

图1-26　内廊布局

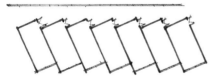

房间旋转一定角度，从而在每个房间入口前形成了斗状等候空间。

平面 A

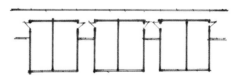

每两个房间成一个单元体，在其中插入等候空间，在形体上也形成了韵律感。

平面 B

图1-27　走廊结合等候空间

1.2.6 坡道、电梯与自动扶梯

建筑中的坡道较于楼梯，有着上下更为省力、通行人流更为有利的优势。但是其缺点在于所占面积大，因而在运用坡道时需要有足够的室内面积。一般来讲，室内的坡道坡度不宜大于 1:10，在快速设计中一般用于公共空间与展厅空间。对于残疾人坡道，坡度不宜大于 1:12。

电梯在建筑中可以承担垂直分流或者运输货品的作用。当发挥分流作用时，应将其放置在可达性较强的位置，例如门厅内部或者靠近楼梯的位置，同时要注意留出足够的等候空间。在快速设计制图中，需表现电梯的梯井、轿厢、开合门与重锤（图 1-28）。

自动扶梯常常应用于规模较大的建筑，例如商场、大型展览馆和图书馆等。自动扶梯的倾角一般为 30°，梯段宽度一般不大于 1m，两并置梯段间的距离为 0.5m（图 1-29）。同时，自动扶梯结合通高或者中庭空间将能获得较好的空间效果。

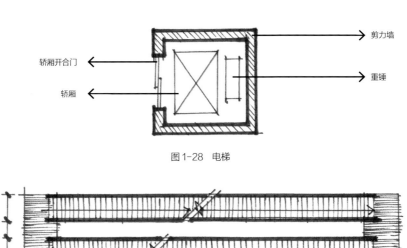

图 1-28　电梯

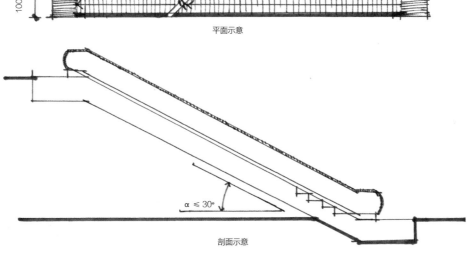

图 1-29　自动扶梯

1.3 服务空间

1.3.1 卫生间

1．卫生间的基本尺度

对于公共卫生间，其平面空间尺度应符合以下数值：

外开门的厕所隔间尺寸为 0.90m x 1.20m，内开门的厕所隔间尺寸为 0.90m x 1.40m；残疾人厕位隔间尺寸为 1.80m x 1.40m；并列小便器的中心距离不应小于 0.65m，有隔板的小便器中心距不小于 0.80m。单侧厕所隔间至对面墙面的净距：当采用内开门时，不应小于 1.10m；当采用外开门时不应小于 1.30m。双侧厕所隔间之间的净距：当采用内开门时，不应小于 1.10m；当采用外开门时不应小于 1.30m。单侧厕所隔间至对面小便器或小便槽外沿的净距：当采用内开门时，不应小于 1.10m；当采用外开门时，不应小于 1.30 m（图 1–30、图 1–31）。

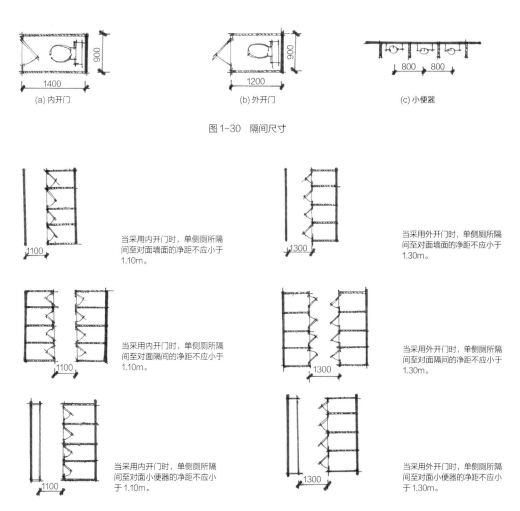

图 1-30　隔间尺寸

(a) 内开门　　　(b) 外开门　　　(c) 小便器

当采用内开门时，单侧厕所隔间至对面墙面的净距不应小于 1.10m。

当采用外开门时，单侧厕所隔间至对面墙面的净距不应小于 1.30m。

当采用内开门时，单侧厕所隔间至对面隔间的净距不应小于 1.10m。

当采用外开门时，单侧厕所隔间至对面隔间的净距不应小于 1.30m。

当采用内开门时，单侧厕所隔间至对面小便器的净距不应小于 1.10m。

当采用外开门时，单侧厕所隔间至对面小便器的净距不应小于 1.30m。

图 1-31　走廊间距

2. 卫生间的布局

对于公共建筑的卫生间，根据建筑柱网尺寸的大小，卫生间的布局可随之进行调整。常见的卫生间布局和尺寸如图1-32、图1-33所示。

卫生间隔间的数量设置需适当。一般来讲，小型公共建筑男厕或女厕的蹲位控制在2～4个即可，男厕蹲位数量可比女厕适当减少而设置小便斗。稍大型建筑如教学楼、办公楼等建筑蹲位可适当增多。一些特殊性质的建筑如游客中心，其厕所的规模可能会更大，功能上也会加入残疾人厕位、管理间、储藏间等（图1-34）。

对于住宅中的卫生间，还可根据品质需求进行布局，一般分为集中型和干湿分离型（图1-35）。

3. 卫生间的位置

为了保证主要使用空间的品质，卫生间一般布置在建筑的非核心空间位置。但是卫生间的位置选择也要基于易于寻找的原则，不能过于偏僻，同时也要避免不同类别人群使用卫生间时的人流交叉问题。总而言之，卫生间宜布置在隐蔽而易寻的位置。

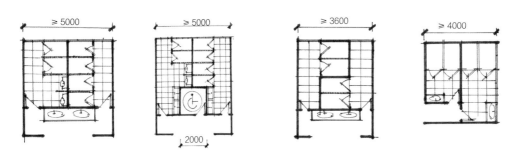

图1-32　常见卫生间布局及尺寸

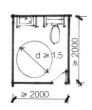

图1-33　残疾人卫生间布局

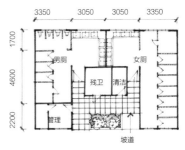

图1-34　大型公共卫生间布局

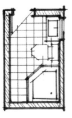

（a）集中型

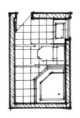 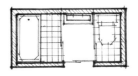

（b）干湿分离型

图1-35　住宅中卫生间布局

1.3.2 厨房

厨房在快速设计中常见于住宅与餐饮功能的建筑，二者厨房在空间尺度上和平面布局上有着较大的差异。

在住宅中，厨房包括操作台及家具所占据的空间和人的操作空间，其中操作台的功能布置应按照"洗、切、烧"的基本炊事流程进行，即按顺序依次布置洗涤池、操作处理台和炉灶。除此之外，厨房中还应预留冰箱、储物柜等家具的空间。

为保证人在厨房中的操作活动，单排布置设备的厨房净宽不应小于1.50m，双排布置设备的厨房其两排设备的净距不应小于0.90m。同时，厨房操作面的净长不应小于2.10m。

厨房在住宅中的位置，尽量避开景观和采光优良的朝向，同时尽量与餐厅相邻。厨房的平面布置常常采用L形、一字形、U形和二字形。在空间充裕的条件下，还可以选用半岛形和岛形（图1-36）。同时可对厨房进行开放化处理，使厨房更能与其他空间相融。

对于餐饮建筑，其后厨空间的布局相对复杂，面积一般不小于餐厅面积的50%（简餐除外）。在功能布局上，快速设计中大致分隔出粗加工区、烹饪区和出餐区即可。若题目中有详细要求，按要求布置。

（a）一字形布局　　　　　　　　　　　　　（b）L形布局

（c）二字形布局　　　　　　　　　　　　　（d）U形布局

（e）半岛形布局　　　　　　　　　　　　　（f）岛形布局

图1-36　住宅厨房布局类型

2 平面空间的组合模式

在快速设计中，平面的逻辑是与空间的组合模式密切相关的。前文已经提到建筑中的空间主要分为主要使用空间和相对具有服务性的空间。而建筑中的主要使用空间可以按功能与尺度两个标准进行划分，因而在空间组合上，也可以将其分为不同功能的空间组合与不同尺度的空间组合两大类。而在这两个类别之下，又有着各自的空间组合模式。

2.1 不同功能的空间组合

在快速设计中，建筑中的核心功能空间和次要功能空间宜分别集中布置，即建筑平面设计中经常提到的"功能分区"，例如博物馆中的展示空间集中在一起，办公管理空间也相对布置在一起，这样就可以实现人的分流，避免流线的干扰与交叉。同时核心功能空间相对独立，造型与空间操作的灵活度也会增大。在平面布局上，不同的功能空间之间的组合模式一般有并列式与嵌套式。

2.1.1 并列式

并列式是最为常见的空间组合模式，这种布局可以实现两种或多种功能的相对独立性，实现较为绝对化的分流效果，因而可以根据不同功能的方位而设置相应的建筑主次入口（图 2-1）。同时每层的平面逻辑还能相对统一，提高设计效率。

2.1.2 嵌套式

当次要使用功能所占面积较小时，可考虑将次要使用功能镶嵌于核心功能空间的内部。这样的布局方式可以极大保证核心功能的流动性与完整性，立面操作也会较为统一。但是置于建筑内部的空间亦需要采光，因而可以设置内院或屋顶平台改善其采光质量（图 2-2）。

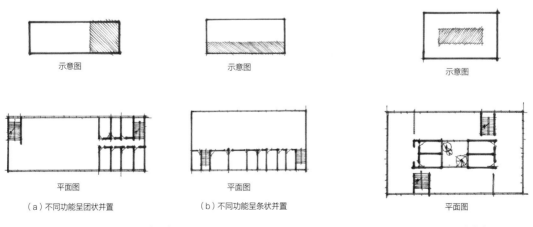

示意图　　　　　　　　　　示意图　　　　　　　　　　　　示意图

平面图　　　　　　　　　　平面图　　　　　　　　　　　　平面图

（a）不同功能呈团状并置　　（b）不同功能呈条状并置

图 2-1　并列式　　　　　　　　　　　　　　　　　　　图 2-2　嵌套式

2.2　不同尺度的空间组合

　　建筑中各个空间的大小要根据具体活动功能的需要而调整，因而在一个建筑中，很难出现所有房间尺度完全一致的情况。然而当空间大小不一致时，平面排布就会遇到一个问题，即如何将大小空间进行整合。一个逻辑清晰的平面布局往往也具备层次清晰的大小空间，同时大小空间的结合也使得建筑平面空间充实而丰富。

2.2.1　脱离

　　一个较为简单而直接的处理大小空间组合的方式为将大空间与小空间脱离。例如，在办公楼的平面中需要放置一个 300 ㎡的多动能厅，就可以考虑将多功能厅与办公室脱开，通过连廊将二者进行联系（图 2-3）。

2.2.2　并置

　　当大空间占据了大部分的建筑体量时，可以考虑将大小空间并置排布处理。大空间作为平面中的主导元素，而小空间则作为构图元素放置在大空间一侧。如需要营造较为完整的建筑形态，可考虑将小空间沿大空间的边缘"补形"，当小空间数量不足时，还可以用阳台、通高空间等元素进行补充（图 2-4）。

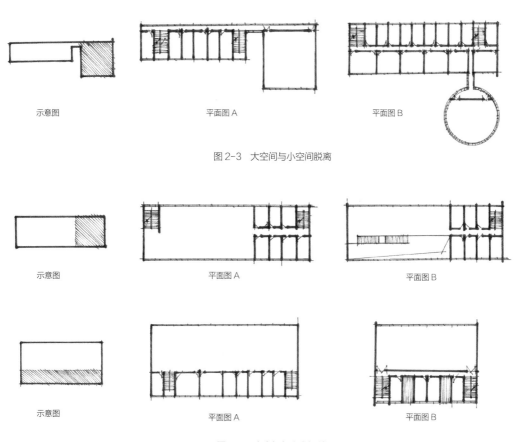

示意图　　　　　　平面图 A　　　　　　平面图 B

图 2-3　大空间与小空间脱离

示意图　　　　　　平面图 A　　　　　　平面图 B

示意图　　　　　　平面图 A　　　　　　平面图 B

图 2-4　大空间与小空间并置

2.2.3 半包围

当小空间数量较多时，还可以考虑将小空间沿大空间连续的两条边布置，形成半包围的模式。小空间半包围大空间的组合方式还可以在建筑中复制与延伸，形成 S 形平面布局（图 2-5）。

2.2.4 全包围

当建筑中的大空间需要占据核心位置时，可考虑采用小空间将大空间全包围的模式。例如，城市规划馆需要一个城市沙盘展示区，此时就可以将沙盘作为核心大空间，而将其他展示空间围绕布置；一些办公楼的中庭也类似于一个处于核心位置的大空间，因而就可以将办公室、会议室等小空间围绕中庭大空间设计（图 2-6）。全包围的大小空间组合模式还能够营造出非常完整的建筑形体，适合于具备一定规模的公共建筑平面设计。

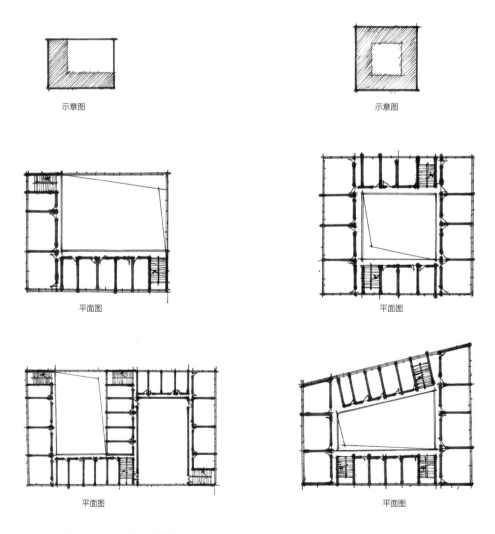

示意图　　　　　　　　　　　示意图

平面图　　　　　　　　　　　平面图

平面图　　　　　　　　　　　平面图

图 2-5　小空间半包围大空间　　　　　　图 2-6　小空间包围大空间

2.3 辅助空间的组合

辅助空间是公共建筑中等级最低但又不可或缺的元素，快速设计中常见的辅助空间包括卫生间、疏散楼梯间、储藏室与电梯。辅助空间在平面中的布置应遵循满足需求（疏散需求、使用需求）的同时，又不影响主要使用空间和公共空间品质的原则。

在建筑平面设计中，可根据建筑的平面形态与尺度来选择相应的辅助空间组合模式。

2.3.1 点状

大部分的公共建筑都能够采用点状模式。一般来讲，在一个柱跨内，就可以形成多种辅助空间的组合类型。例如，疏散楼梯间可以与卫生间、电梯间和储藏室组合，卫生间、电梯间与储藏空间也可以相互整合（图 2-7）。

点状的辅助空间常常位于建筑平面的角部或者边缘区域，点状组合的辅助空间也能够起到划分空间的作用（图 2-8）。

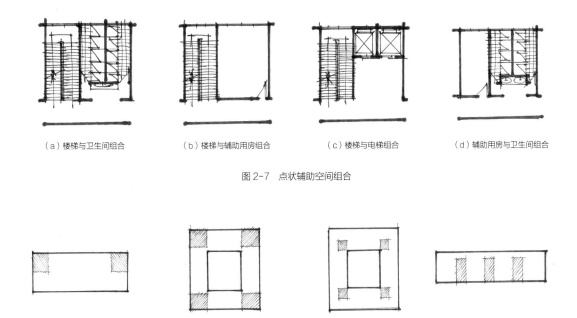

（a）楼梯与卫生间组合　　（b）楼梯与辅助用房组合　　（c）楼梯与电梯组合　　（d）辅助用房与卫生间组合

图 2-7　点状辅助空间组合

点状的辅助空间组合模式分布在建筑端部可以有效满足使用者的需求。点状辅助空间也可均匀分布在平面空间之中，起到划分空间的作用。

图 2-8　点状辅助空间的位置

2.3.2 线状

辅助空间还可以采用线状的组合模式，即将楼梯间、厕所、电梯间组合在一个长条形空间中（图2-9）。

在中小型建筑中，可将条形组合的辅助空间沿建筑边缘设置，从而获得形态完整的主要使用空间。而在大型建筑中，还可将线状的辅助空间置于空间的内部，从而提升辅助空间的使用效率，同时，条状的辅助空间还可以起到划分空间、保证主要使用空间流动性的作用（图2-10）。然而，置于空间内部的辅助空间无法获得自然采光与通风，因而要注意疏散楼梯的封闭性问题和人工照明的运用。

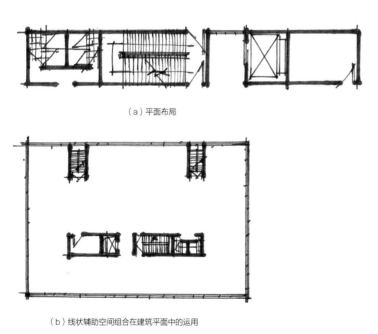

（a）平面布局

（b）线状辅助空间组合在建筑平面中的运用

图2-9　线状辅助空间的组合

线状的辅助空间组合模式可以使辅助空间整齐划一集中于建筑的某条形空间内，从而使其他建筑空间形态完整并便于外部形态操作。

图2-10　线状辅助空间的位置

平面的制图与表达

3.1 绘制流程

当方案草图确定后，即可进行平面图的绘制。可供参考的绘制步骤如下（图 3–1）。

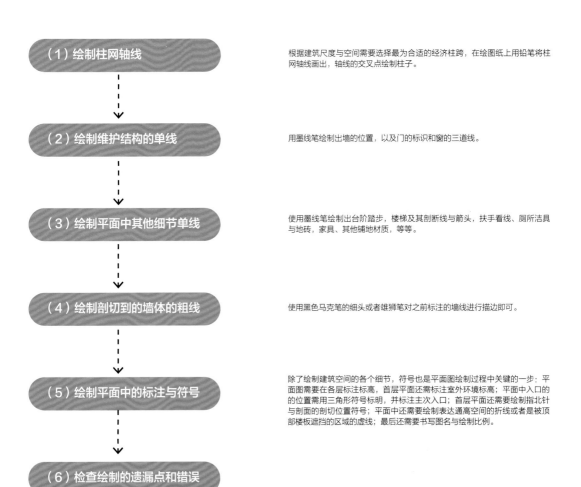

（1）绘制柱网轴线

根据建筑尺度与空间需要选择最为合适的经济柱跨，在绘图纸上用铅笔将柱网轴线画出，轴线的交叉点绘制柱子。

（2）绘制维护结构的单线

用墨线笔绘制出墙的位置，以及门的标识和窗的三道线。

（3）绘制平面中其他细节单线

使用墨线笔绘制出台阶踏步，楼梯及其剖断线与箭头，扶手看线、厕所洁具与地砖，家具、其他铺地材质，等等。

（4）绘制剖切到的墙体的粗线

使用黑色马克笔的细头或者雄狮笔对之前标注的墙线进行描边即可。

（5）绘制平面中的标注与符号

除了绘制建筑空间的各个细节，符号也是平面图绘制过程中关键的一步：平面图需要在各层标注标高，首层平面还需标注室外环境标高；平面中入口的的位置需用三角形符号标明，并标注主次入口；首层平面还需要绘制指北针与剖面的剖切位置符号；平面中还需要绘制表达通高空间的折线或者是被顶部楼板遮挡的区域的虚线；最后还需要书写图名与绘制比例。

（6）检查绘制的遗漏点和错误

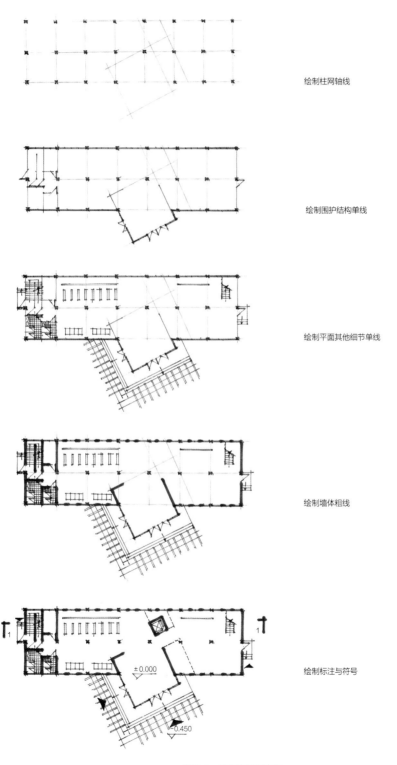

绘制柱网轴线

绘制围护结构单线

绘制平面其他细节单线

绘制墙体粗线

绘制标注与符号

图 3-1 平面的制图步骤

3.2 表现技法

快速设计中的平面表达应以清晰淡雅为原则，避免图面色彩运用过多而对平面逻辑的阅读产生干扰。一般来讲，仅用浅灰色填涂辅助空间，例如楼梯间与卫生间的区域来表现主要使用空间与辅助空间的布局关系即可。

其他可选择用色的平面元素还包括庭院景观与硬质铺地，对于庭院，可选用较为淡雅的绿色系马克笔进行填涂，硬质铺地可根据具体的材质选择相应色彩进行平面表现，例如木栈道选择棕黄色系、地砖选用冷灰色系。如果图面排版较为松散，还可以在最后用与整体图面色彩相匹配的浅灰色马克对平面图外轮廓描边，起到强调与充盈图面的作用（图 3-2，图 3-3）。

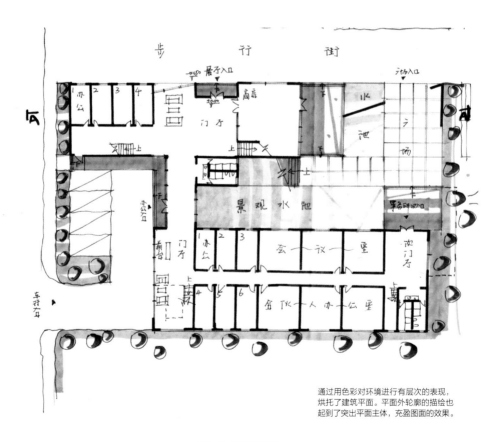

通过用色彩对环境进行有层次的表现，
烘托了建筑平面。平面外轮廓的描绘也
起到了突出平面主体，充盈图面的效果。

图 3-2　平面表现图

单色表现一般用于填涂辅助空间，还可以用来表达场地环境与景观。单色表现的图面效果淡雅，不会影响平面的阅读。

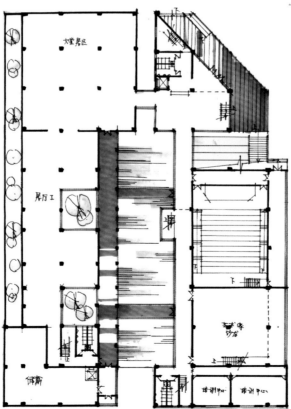

色彩可以用来表达平面中的材质，达到强调空间范围的效果。将绿化进行立体化填色处理可以使场景感更为丰富。

图 3-3　平面表现图

4 经典案例分析

4.1 独山一中 / 西线工作室

　　该项目中建筑师试图将学校营造成一个以书院式院落为基本形的空间组合群体，建筑色彩以白色调为主，空间氛围明亮而肃静。整个校区主要包括 A、B、C、D 四组建筑。从平面设计的角度上看，可以总结归纳出以下要点。

1. 功能分区明确

　　A 建筑包括教学功能与风雨操场，可以看出风雨操场部分与教学部分相互独立，实现了功能的互不干扰和动静分离；B 建筑中西侧的办公空间与东侧的阅览空间也有着较为明确的分区；C 建筑中的餐饮部分和学生宿舍则采用了垂直方向上的功能分区，上部的学生宿舍单独设置出入口，避免流线交叉。

2. 大小空间组合多样化

　　A 建筑采用了大小空间脱离的处理手法，风雨操场的大空间自成一体；B 建筑中的小空间——办公室紧凑地结合在一起与宽敞的阅览空间并置，形成了鲜明的对比；C 与 D 建筑的学生宿舍部分则采用了小空间包围大空间的组合模式，使得宿舍使用面积最大化的同时又营造了建筑内部的庭院环境。

3. 内庭院的运用

　　在四组建筑中，庭院都是平面中重要的组成元素。一方面庭院为校园营造了多层次的室外空间，另一方面还能极大提升建筑内部空间的采光品质。

4. 辅助空间的位置

　　在校园建筑中，辅助空间主要包括楼梯间与卫生间。可以看到在所有建筑中，卫生间均布置在建筑的边缘位置，而楼梯则均匀分布在建筑平面中，并延伸至内庭院中，保证了使用空间的完整性，也提升了楼梯本身的景观性与趣味性。

图片来源：https://www.archdaily.cn

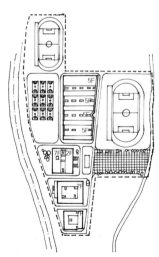

总平面

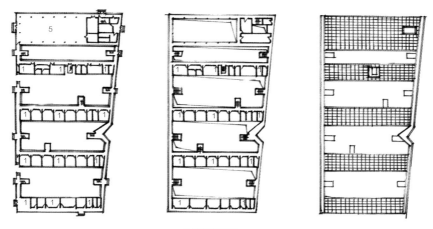

A 建筑平面图

辅助空间中卫生间布置在建筑边缘位置，楼梯均匀布置在建筑平面中，并部分延伸至庭院中。

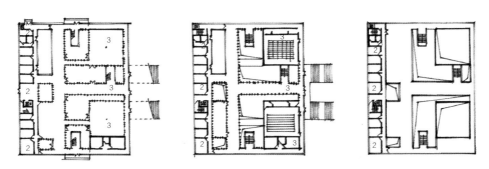

B 建筑平面图

办公空间紧凑布置，与大型阅览室并置，体现平面大小空间组合多样化。

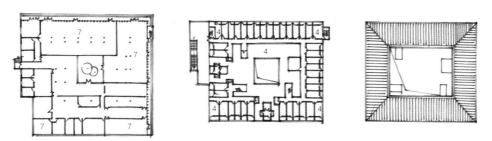

C 建筑平面图

学生宿舍采用小空间包围大空间的组合模式，即宿舍空间围绕庭院布置。

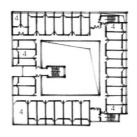

1. 教室
2. 行政办公
3. 图书馆
4. 宿舍
5. 风雨操场
6. 后勤辅助用房

D 建筑平面图

置入庭院营造多层级室外空间，活化建筑功能，提升采光品质。

4.2 Energy 博物馆 / Arquitecturia 建筑事务所

该项目中建筑师遵循由外到内的生成逻辑，以黑白色调碰撞下的单体博物馆建筑纯粹的形体变化，设计出了与环境有机互动共生的建筑实体，使基地重新焕发出纯净，也为使用者营造出了抽象和特异交织下的归属感。从平面设计的角度上看，可以总结归纳出以下要点。

1. 入口空间

建筑入口处体块相对建筑实体较低矮，暗示出主入口空间，与门厅功能相对应。中部高起的体块是对服务空间的体现，而外侧的北向体块对应着展览性功能。在建筑的材料表达上，设计师以黑与白进行了清晰的空间界定，不同色泽的铺地暗示了不同的空间性质。纯白色调昭示了入口空间，而黑色则奠定了博物馆厚重沉静的建筑氛围。

2. 条形辅助空间

建筑采用三段式平面排布，服务空间介于中间条段，同时服务两侧的被服务空间。建筑功能的三段式在体块的组合上也得到了体现，特别是服务空间西侧庭院高窗的设计，适用于处理景观良好环境的立面造型，形成了绝佳的取景框，也是建筑师对于"形式追随功能"的有机表达。

3. 弧线的介入

在形式上，直线与弧线形成空间界定的对比。较小弧面代表了入口空间的广场，营造出迎合参观者的氛围；较大弧面则展示出对于湖面景观的呼应；而直线的运用则表达出对于建筑空间的界定。

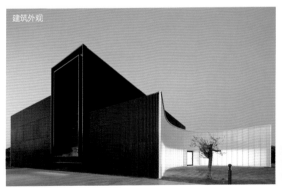

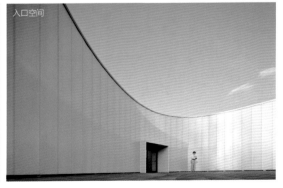

图片来源: https://www.archdaily.cn

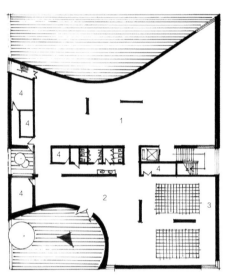

1. 展示空间
2. 门厅
3. 影音室
4. 辅助用房

使用弧线和直线共同界定空间，大小弧面分别呼应入口和湖景，直线表达出对空间的界定。建筑平面采用三段式布局，被服务空间分置服务空间两侧。

首层平面图

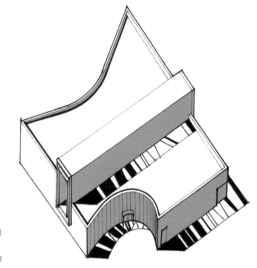

建筑形体呈现高低起伏的三个体块，中间高起体块对应服务空间，两侧低矮体块对应展示空间。

建筑形体

建筑剖面图

4.3 德国 Tübingen 跨文化教育中心 / (se)arch 建筑事务所

建筑师受到周围现有建筑结构的启发，对两个不同大小的建筑体量进行了生动组合：两层建筑的小学，一层建筑的儿童之家。两个建筑平面方正，以金字塔状的屋顶统一了建筑形式，两者间通过一个回形廊架进行连接。从平面设计的角度上看，可以总结归纳出以下要点。

1. 门厅空间

建筑在总平面上分为三部分，建筑师在小学与儿童之家中间设置了起连接作用的廊道，通过廊下灰空间的营造为儿童提供了良好的活动空间。建筑门厅采用了灰空间的处理方式，儿童通过廊下空间进入主入口，再经由公共门厅进入到核心空间进行玩耍交流。

2. 辅助空间打包

在小学中建筑师采用了上下分区，一层作为公共服务空间，二层则作为教学空间。同时，散布南北的两部楼梯作为疏散梯，中间的直跑楼梯则形成趣味性楼梯，是公共建筑中常见的两部疏散楼梯加一部景观楼梯的布置方法。卫生间等辅助空间分散打包处理，使得功能性空间的排布更加清晰。

3. 大小空间组合

建筑内部根据功能与使用面积对空间进行了合理的分配，小学中通过"回"字形内廊将大小空间进行了有序的串联，儿童之家中的 T 字形内廊则将空间分划为三个不同的区块，区块内各个房间也根据所需进行了有机的划分。

4. 造型

建筑的材质上，上部用木材，下部用钢与玻璃，形成了对比。虚实结合的开窗手法、小尺寸的规模和温暖的材料语言营造出了温馨的建筑氛围。在屋顶采光井的设计上，三个开口被同一直线穿越延展，建筑通过不同斜度的坡屋顶展现了多样性与统一性。

图片来源：https://www.archdaily.cn

总平面

环廊

采光井

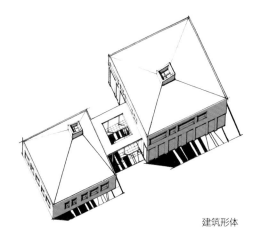

建筑形体分为三部分，小学与儿童之家以廊道连接，衍生的灰空间营造了适合儿童的室外活动场地。

建筑形体

1. 教室
2. 辅助后勤
3. 儿童卧室
4. 入口廊道
5. 门厅

小学以回字廊串联大小空间；儿童之家以 T 形廊将空间划分为三个区块，区块内部进行大小空间划分。

首层平面图

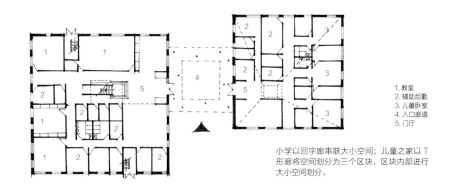

建筑剖面图

4.4 Smartno 分时幼儿园 / Jure Kotnik 建筑事务所

建筑师因地制宜地在幼儿园中采用了完全开放的平面布局,将换衣间、走廊、楼梯等服务空间与学习及游戏空间合并,使孩子们在使用时感受到交流性与趣味性。分时的概念同时服务于当地社区:顶层礼堂可作为午间活动场所,以及用作社区的活动中心等。从平面设计的角度上看,可以总结归纳出以下要点。

1. 功能分区

该幼儿园设计通过南北分区明确划分了办公等辅助空间与教学等主要空间,并围绕中心区域布置交通空间,利用放大的交通空间形成多功能彩虹桥活动空间,形成核心区域,促进使用者的交流。在主要使用功能空间设计时,采用了灵活的空间划分方法,打破了限定的活动区域,形成了开放空间。活动室与教学室中间置入厕所等辅助功能,一方面能划分空间的界限,另一方面能够服务于两个功能用房。

2. 楼梯形式

建筑中采用了多样的楼梯形式,有室内直跑楼梯、室内旋转滑梯、室外外挂楼梯等。贯通上下的室内旋转滑梯吸引孩子们玩耍和体育锻炼。比起爬楼梯,孩子们更喜欢坐滑梯滑下来。在满足疏散要求的基础上,建筑师增置景观趣味性楼梯,有利于幼儿园建筑的体验性及活动的丰富性。

3. 建筑形态

建筑十分紧凑,北向几乎没有开口,南立面则全部对外开放。建筑整体形态虽然方正,但入口的通高空间、教室的斜切外遮阳手法,以及外挂楼梯的设计,打破了体块的单调性,丰富了建筑的外立面与形态。

4. 建筑色彩与材料

建筑所有墙面的木材都取自当地的树木,这也确保了可持续建筑的最高标准。开放型游戏室内墙面都采用瓷砖饰面,并且配上彩虹色系,在满足绿色生态与教学目的同时,也增加了建筑的趣味性与亲和力。

建筑外观

建筑内部

图片来源: https://www.archdaily.cn

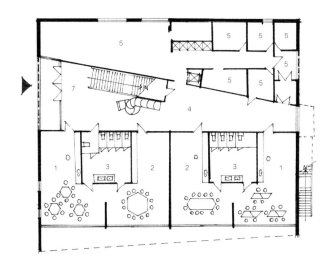

建筑中南北分区划分办公空间和主要教学空
间，二者之间布置交通空间。

首层平面图

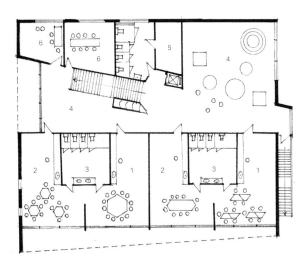

建筑中楼梯形式多样，如室外外挂楼梯、室内
直跑楼梯和室内滑梯。

1.教室
2.活动室
3.盥洗室
4.开放活动空间
5.后勤辅助
6.办公管理
7.门厅

二层平面图

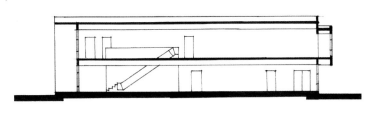

建筑剖面图

4.5 天津大学新校区室内体育活动中心和游泳馆 / 李兴钢

建筑师在建筑主体中设计了室内体育活动中心和游泳馆两大部分，并以一条跨街的大型缓拱形廊桥将两者的公共空间串通为一个整体，并通过一个环抱的入口广场，沟通了建筑东西和南北。从平面设计的角度，可以总结归纳出以下要点。

1. 功能分区

建筑主体包含了综合活动场、训练馆和游泳馆等，对陆地运动与水上运动进行了区分。建筑师通过一侧 2 层高的檐廊跨越道路连接各个功能，空间规整而灵活。在场地规划上，南北设一大一小两个广场，与东侧室外运动场相连通，同时使室内运动场地向西面校园空间敞开，形成良好的交往互动空间与观赏运动平台。

2. 大小空间组合

建筑通过"拱"这一单一元素的丰富变化，将各类运动场地空间依其平面尺寸、净高及使用方式，通过使用一系列结构进行整合，带来了大跨度空间和高侧窗采光。五种不同高度的空间形态，暗示出内部多样的运动功能。连通东西的环抱形入口广场，通过线性公共空间叠加串联使场地内建筑成为整体。

3. 门厅空间

弧形楼梯、东侧架高室内跑道及其外窗，为公共大厅带来了自然光线以及向远处延伸的景观意象。游泳馆的入口公共空间是一个紧凑的中庭式空间，与公共大厅产生了功能性区分。

4. 建筑形态

建筑屋面的波动形态传递出水平的力量感，导向空间之外人的运动画面，以及更加深远的自然田野。建筑师通过结构的设计回应了环境、强化了功能、引入了光线、塑造了空间、造就了形式，整个建筑以强有力的存在形式与环境产生了有机的互动与对话。

图片来源: http://www.ikuku.cn

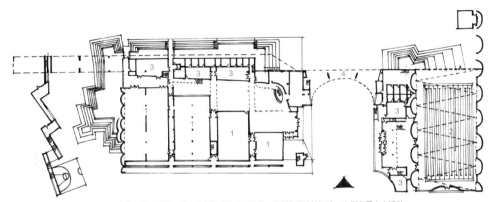

建筑主体对陆地运动和水上运动进行了区分，北侧布置陆地运动，南侧布置水上运动。

首层平面图

1. 室内活动场地
2. 室内泳池
3. 辅助管理
4. 连廊

二层平面图

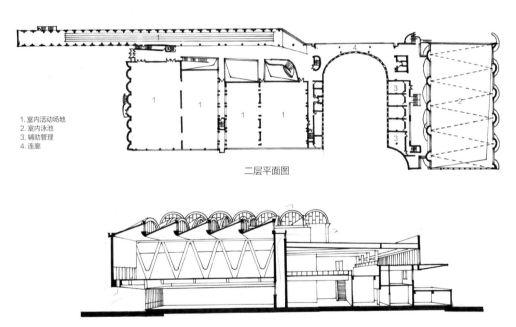

拱形结构屋面传递出力量感，引入自然光线，塑造了空间与形式。

建筑剖透视图

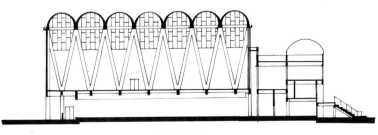

建筑剖面图

4.6 FITECO 总部办公楼 /Colboc Franzen 事务所

在单个方形体量的基础之上，建筑师在设计中对建筑内部的组织结构进行了优化，将公用设施、当地的分支机构以及 FITECO 的总部分列进一至三层，以一幢单栋建筑实现了多种功能的有效结合，同时减少了建筑成本及建造活动对于环境的影响。从平面设计的角度，可以总结归纳出以下要点。

1. 功能分区

在办公建筑中，核心筒的布置与平面的功能布局是至关重要的。建筑师在设计中采用了办公建筑常见的"回"字形平面，整体的功能分布采取建筑中部两侧布置双核心筒的方式解决。平面流线呈"回"形环绕核心筒，"回"字形外延作为被服务空间有序分列。建筑师通过环绕型回廊的设置，简洁明确地将服务空间与被服务空间进行了有效串联。办公空间中可移动的非承重墙体，使得建筑具有了多种分割方式与多样的使用功能。

2. 空间

建筑整体分为 3 层，采取上下分层的功能分布，一层为公用设施，二层为当地的分支机构，三层为总部。整个建筑采用了统一的网格，通过中庭打破封闭的核心筒式功能布局，增强了空间的流动性。

3. 建筑形式

建筑外立面采用镜面抛光不锈钢和反射玻璃，形成菱形折叠排布的节奏，在丰富了外立面的同时，反射出一年之中周围自然环境的光和季节的变化，编织出一幅美丽的时间画布。建筑室内为白色，地板是浅灰色，形式简洁明了，仅天花板有明显的图案。建筑的风格中性平和，并不会分散工作人员的注意力。

建筑外观　　　　　　　　　　　　　　　建筑外观

图片来源：http://www.ikuku.cn

中庭采光

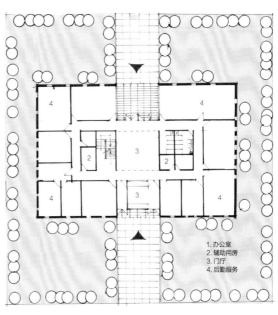

平面布局采用办公建筑常见的"回"字形平面,建筑中部中庭两侧布置双核心筒,走廊围绕核心筒和中庭串联起大小空间。

1.办公室
2.辅助用房
3.门厅
4.后勤服务

建筑首层平面图

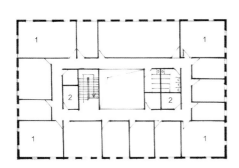

中庭的置入打破了封闭的核心筒式布局,增强了办公空间的流动性。

建筑标准层平面图

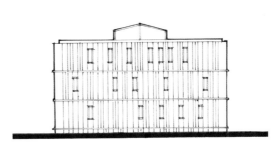

外立面采用简洁的菱形折线式处理,节奏紧凑且富于变化。

建筑立面图

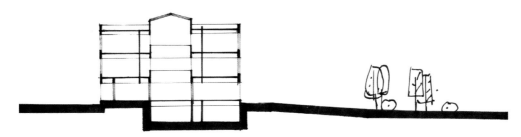

建筑剖面图

5 快速设计作品评析

5.1 老厂房改建设计

　　题目中所给基地内现存一座废弃厂房，结构完整，因而应最大化保留和利用现有结构，尤其是将具有原始印记的建筑结构保留下来。新建部分存在的姿态以及新建筑与旧建筑的关系，最终实现新旧部分的和谐共生。就该方案的平面布局来看，达到了新旧建筑协调与对比，对老建筑有效保护与利用，整体性、层次感、动态感及文化感兼具。

1. 入口设计

　　设计者将建筑入口结合广场设置，大面积的水体设计为使用者的行进流线提供了丰富的空间景致，水面木栈道提升了流线趣味性的同时加强了入口引导性。主入口位置居中，经由门厅以及三个位于角部的双跑楼梯分流导向二层空间。

2. 门厅设计

　　建筑入口门厅与咖啡厅紧密结合，并通过通高空间提升了主入口门厅的重要性和吸引力，加强了空间层次的丰富度。

3. 平面组织

　　方案中，展示空间都设置在老建筑中，新建建筑中包含学术研究与管理用房两大部分，通过清晰的功能划分使小空间与大空间并存；通过内廊连接使辅助空间与主要空间并置。设计者在既有老建筑中设置了阶梯式展示空间，最大化利用和保留原有的建筑结构柱网，做到了经济性与实用性并存。

4. 辅助空间

　　方案采用了点状的组合模式，辅助空间散落布置在平面流线中，提供了快捷有序的竖向交通。

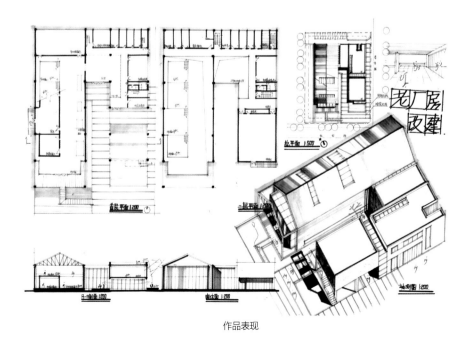

作品表现

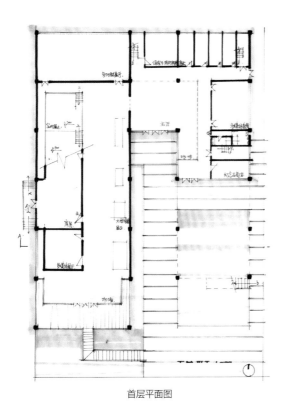

入口空间结合架空、水面和木栈道，形成了富有层次感和品质性的室内外过渡空间。

主入口结合门厅居中布置，利于人流水平分流到达不同的功能空间。通高增强了空间的趣味性。

首层平面图

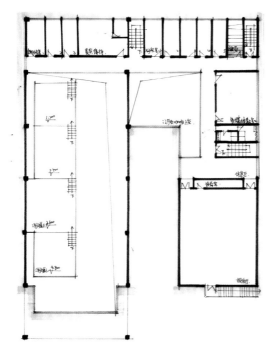

二层平面图

L形走廊串联起了平面中的各个房间。走廊靠内布置，节省交通空间，保证主要使用空间面积。

竖向交通呈点状散布在平面中，保证了各个功能的安全疏散。

分析图

5.2 湿地文化中心设计

题目中的湿地文化中心，建筑面积 4000 ㎡，建筑轮廓限定为 60m×60m 的正方形。考虑到基地中的现有湿地环境以及西侧的大面积湿地景观，需要选取陆地相对较多的建筑用地范围，以及交通和景观较佳的位置；同时考虑建筑形象与湿地环境相融合，尽可能减少建筑体量对环境的影响。就该方案的平面布局来看，流线连贯，组织有序，建筑与自然景观和谐亲近。

1. 入口设计

设计者将建筑底层分为展示、办公、餐饮三大功能块。人群经内庭院分流，进入各功能块内入口门厅，营造出门厅与自然景观之间的亲密关系。咖啡厅、商店作为商业空间分布于展示区入口门厅两侧，功能复合度高。

2. 空间组织

作为城市公共建筑，设计展现出建筑的共享性，提升了市民的体验感。设计者将场地流线结合水体进行设计，在行进中同时观赏自然景致，步移景异。空间组织有序，大小空间并置，小空间沿柱网整齐排列。动静分区明确，动线流转，富有节奏感。

3. 辅助空间

方案采用了点状的组合模式，辅助空间于各个功能块中分散布置，主从关系分明。

4. 展厅空间

建筑内二层开放展厅空间围绕着核心多媒体展厅，采用小空间嵌套于大空间的方式，提升了观展空间丰富度。

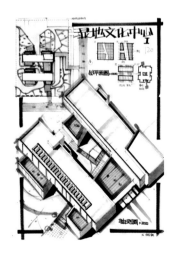

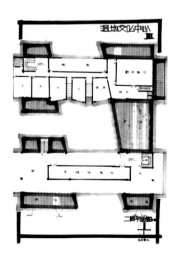

作品表现 / 设计者：任存智

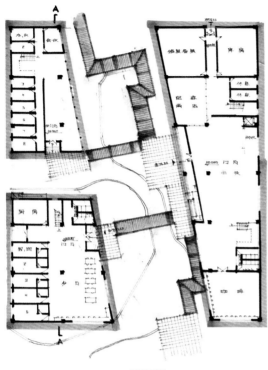

通过底层架空的手法可以最大程度维持地形原貌，使建筑与环境融合，且营造了优美的入口环境。

首层通过架空将平面分成了3个部分，形成了办公、餐饮与展示3个不同的功能块。二层两个体块相对独立，分别为培训与展厅。整个平面布局疏密有致，在多个功能区域形成了并置、包围的大小空间组合模式。

一层平面图

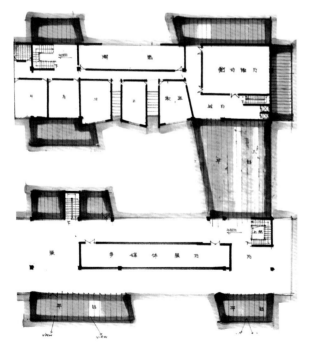

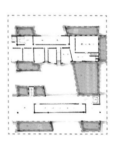

首层与二层体块错位搭接，在二层形成了多朝向的屋顶平台，提供了绝佳的观景与交流场所。

利用小空间的界面变化营造出体量的变化，增添了建筑体量的趣味性。

二层平面图　　　　　　　　分析图

5.3 小社区活动中心设计

题目中的社区活动中心位于居住区内，需在给定的建造区域内进行设计，因此需要考虑朝向与四面围墙带来的采光问题。由于基地面积较小，所以在平面布局上需考虑建筑内部动线，以及对复杂功能进行组团划分。就该方案的平面布局，整体的逻辑清晰，功能划分明确，形式明确。

1. 入口设计

建筑入口结合庭院进行设计，实现了室内外空间过渡。入口木栈道两侧的水池与绿植营造出自然亲和、幽雅安静的建筑氛围。

2. 庭院设计

设计者通过丰富的庭院空间设置提升了空间品质，优化了建筑采光和通风质量。功能空间与室外平台以及通高外庭院相结合，组合灵活，层级条理清晰，空间有收有放，有效解决了题目中空间限定对于朝向和四面围墙带来的采光问题。

3. 交通组织

方案采用了内廊型的组织模式。设计者通过内廊串联起活动中心一层的功能空间，分割了二楼功能空间与室外观景平台，两层建筑空间经由建筑两侧位于廊道尽端的双跑楼梯高效连接。建筑流线清晰，实现了对于"盒"内空间丰富度的激发。

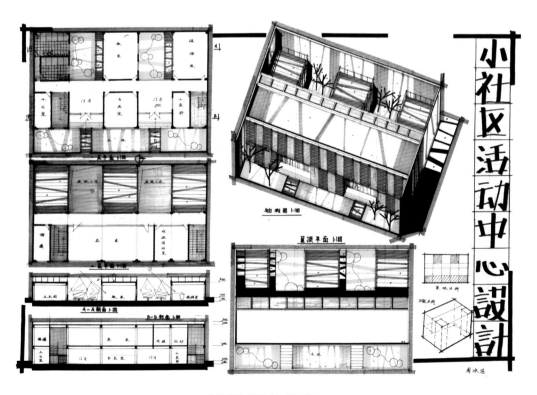

作品表现 / 设计者：周冰洁

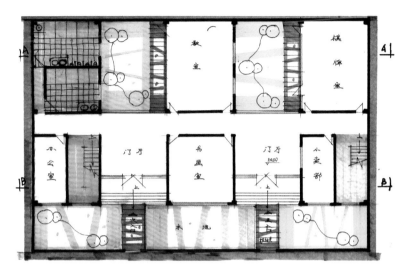

一层平面图

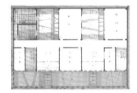
建筑界面与现存墙体脱开，形成了入口庭院。景观元素的介入提升了庭院的空间氛围。

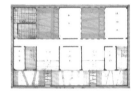
在平面中开设庭院，一方面为建筑空间争取了南北向采光，另一方面提供了更多的室外活动空间。

分析图

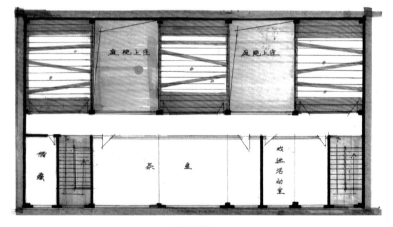

二层平面图

二层的屋顶平台丰富了屋顶界面，也营造了朝向庭院景观的交流场所。

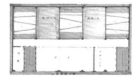
楼梯分布在平面端部，保证安全疏散。

分析图

5.4 展览馆设计

题目中通过给定的建筑结构对建筑内部空间进行了限定，因而在平面布局的过程中需要考虑功能与建筑内梁板柱的结构关系。同时需要在展览流线与限定空间内，完成对于两个特殊展品的考虑。就该方案的平面布局，功能分区明确，空间组织有序。

1. 入口设计

建筑入口空间相当于室外空间与室内空间的交点。设计者将主入口居中布置，清晰划分了西侧展览空间与东侧办公与储藏空间，使得交通流线组织简明醒目，便捷、高效的分流使不同使用者不会产生相互干扰。

2. 平面组织

展览空间与辅助空间并列排布，各功能块内同时又进行了不同大小空间的有机组合。同时将展厅空间内的观展流线与两件特殊展品有机结合，流线清晰合理，趣味性强。

3. 楼梯空间

多跑楼梯结合景观布置，达到步移景异的效果。首层三跑楼梯，西侧设置建筑内庭院，梯井内设置景观小品，赋予观者层次丰富的画面感。

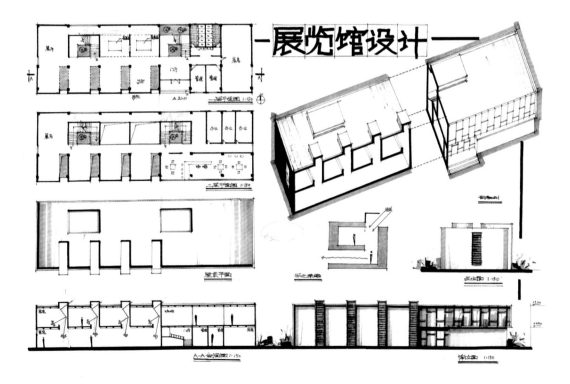

作品表现 / 设计者：程泽西

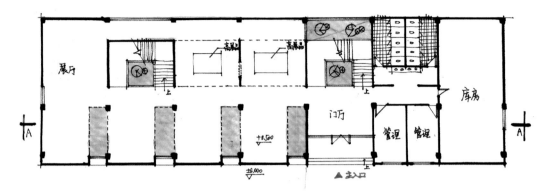

一层平面图

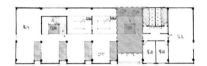

门厅居中设置，办公人流与参观者流线不交叉。同时入口处设置灰空间，起到过渡缓冲的作用。

展示功能和办公辅助空间水平并置，功能分区明确。开放的展示空间与封闭的辅助空间在空间氛围上也形成了鲜明的对比。

分析图

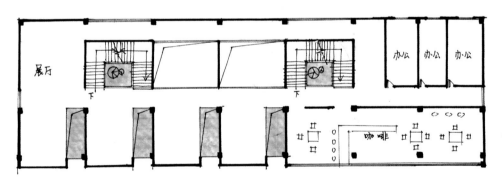

二层平面图

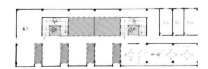

结合现存结构进行通高空间的营造，一方面满足了大型展品的高度需求，另一方面划分了展示空间。

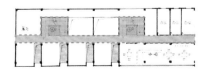

以一字形走廊串联起各部分空间，三跑楼梯作为景观楼梯的同时满足了疏散需要。

分析图

5.5 中学风雨操场设计

风雨操场综合体位于中学校园内，基地为不规则梯形地块，东侧通过校园围墙阻隔了城市道路，西北侧为校园内道路，西侧为校园操场，因而，在平面布局中应注意场地设计构思并思考建筑整体与操场的空间关系。另外，进入风雨操场的人流主要是从北向的教学区和基地西面的操场两个方向，所以在设置入口上要考虑北向教学区的人流与西面操场人流，统一设置入口疏散广场。同时，建筑功能较为复合，要考虑风雨操场入口、办公入口、厕所对外开口、借物窗口等多种入口的流线组织。就该方案的平面布局来看，功能分区清晰合理，流线富有设计感。

1. 平面组织

设计者通过小空间围合大空间进行布置，建筑底层以办公空间环绕中心器材室，角部布置服务空间，因一条线性走廊将各功能串联成为一体。室外大台阶引导学生走向二层观景平台，经由灰空间进入风雨操场。

2. 辅助空间

方案采用了点状的组合模式，辅助空间散落布置在空间端部，空间利用合理。

3. 特殊结构

大空间采用合理有效的特殊结构选型，通过桁架来应对较大跨度带来的结构问题，解决了大小空间之间的高差问题，也避免了小跨度结构压大跨度结构的问题。

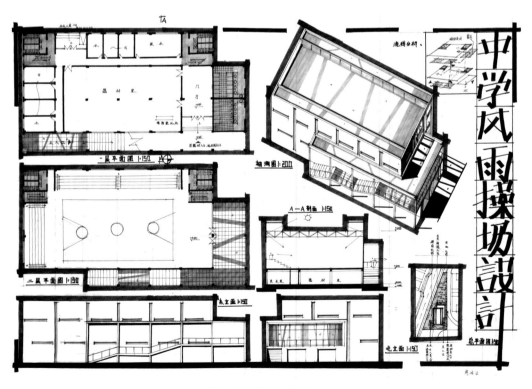

作品表现 / 设计者：周冰洁

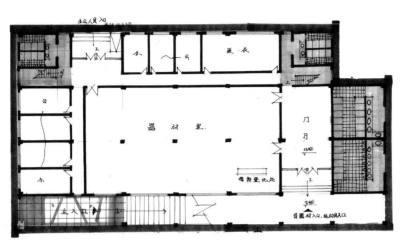

一层平面图

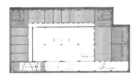

小尺度办公围绕大尺度器材室，形成了小空间包围大空间的大小空间组合模式。

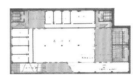

多个入口设置满足了学生、老师等多目的的需求。

分析图

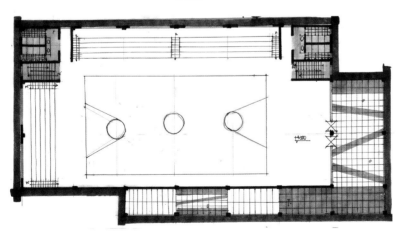

二层平面图

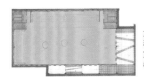

大空间凌驾于小空间之上是一种经济的空间布局。一般小型室内运动场所适合运用桁架结构解决跨度问题。

平台起到了引导学生的作用，并且面向学校操场形成了观赛区域。

分析图

5.6 俱乐部设计

题目中的俱乐部建筑位于湖心岛上的一个梯形场地之中，周围景致安逸幽美，因而，在平面布局的过程中要考虑建筑整体与周围环境的关系，同时对交通流线加以思考。俱乐部主要服务于来此度假村的游客，场地旁侧主要建筑为现代风格配以红瓦屋顶，因而，也要对使用人群以及建筑形式进行分析与处理。就该方案的平面布局来看，功能空间层次丰富，流线清晰，建筑整体与湖面景观关系亲密。

1. 入口设计

设计者于场地东南侧设置主入口，底层架空结合广场进行入口处理。建筑主入口居中布置，进入门厅后合理分流，导向性明确。门厅旁设置休息室，同时结合咖啡空间共同布置，在提供了接待性空间的同时，也与室外景观进行了有机结合。

2. 平面组织

设计者在二层空间的设计中，将KTV、健身房等小空间呈L形围绕多功能厅的大空间进行布置。三层则营造出出挑的架空空间，以U形内廊串联起办公、娱乐等小空间，形成两层高的灰空间，与室外跌落平台形成视线的延续。

3. 辅助空间

方案中辅助空间点状分布，各功能块得到清晰的划分。功能空间通过中央廊道串联，垂直交通空间使建筑内动线有效连贯。

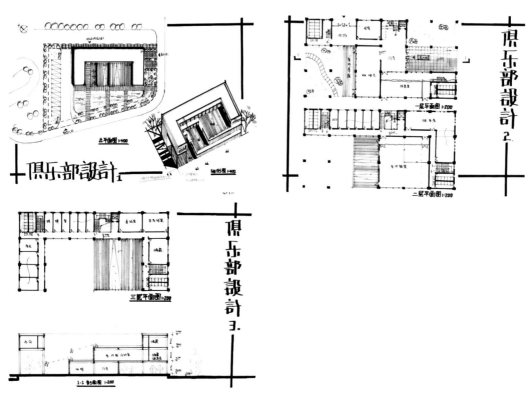

作品表现 / 设计者：尹雪静

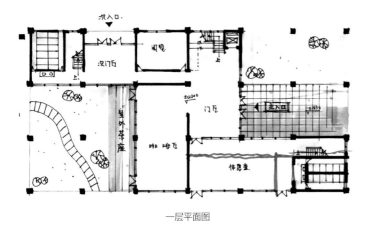

一层平面图

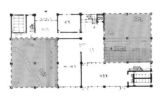

一层将入口空间与室外茶室结合架空设置为灰空间，景观的置入增强了入口空间品质。

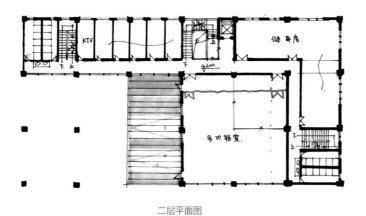

二层平面图

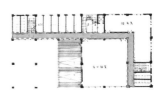

二层平面用 L 形走廊串联空间，并形成了小空间包围大尺度多功能厅的平面布局。

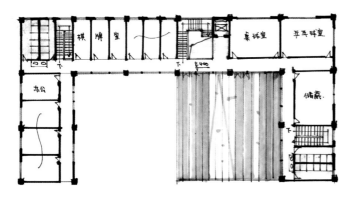

三层平面图

三层平面采用 U 形布局，形成具有围合感的半开放庭院空间。内走廊结合下层屋顶形成了连贯的公共空间。

分析图

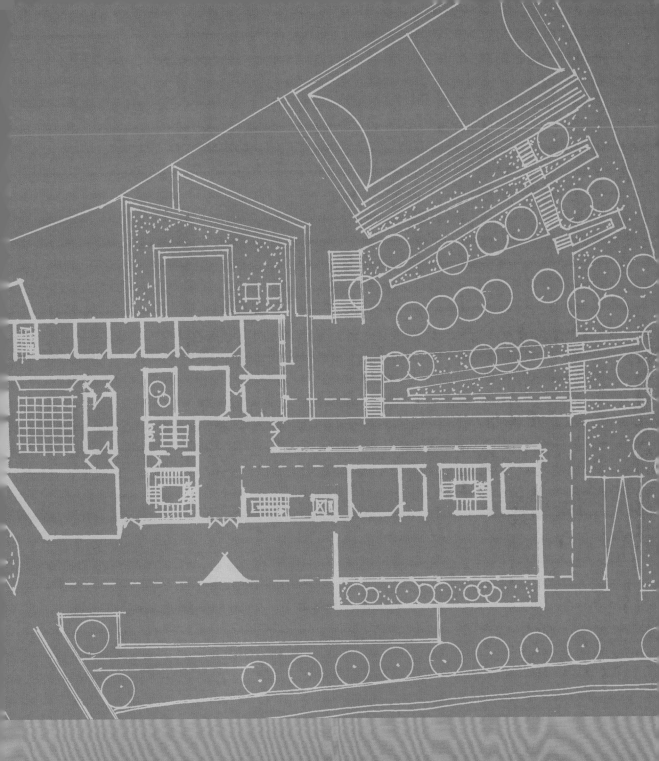

PART 2

6 竖向上的基本空间要素

建筑的魅力之一在于其内部富有变化的空间。空间的高低错落与流动性、光影的明暗交替丰富了人与建筑的互动体验。而这种富有魅力的空间就需要通过多样的竖向空间来实现。在建筑设计中，竖向上的基本空间要素包括室内空间、半室外空间与室外空间（图6-1）。

6.1 室内空间

盒子般的空间串联、嵌套和叠加在一起，就形成了一栋建筑。这些"盒子"内的空间，就是室内空间。室内空间为具体活动，如工作、学习提供了最基本的空间保障，可以说建筑平面中的大部分具有使用功能的房间都是室内空间。室内空间按开放程度又可分为封闭的室内空间和开放的室内空间。封闭的室内空间主要包括教室、办公、客房、封闭展厅和多功能厅等具体的功能用房，还包括诸如卫生间、储藏室或封闭楼梯间等辅助空间。封闭性使得这些空间具有一定私密性，同时也方便管理。开放的室内空间包括开放展厅、商场和餐厅等需要强调流动性的空间，还包括一些公共的开放空间，例如门厅、中庭和走廊等，具有开放性的空间提升了建筑内部空间的趣味性。

6.2 半室外空间

建筑形体的凹凸使得建筑外界面出现了"灰空间"，在建筑空间中表现为一些半室外空间。半室外空间在室外与室内空间之间创造了一个模糊区，它既能够让建筑内部的人与外界得到接触，又可以保证它自身相对的私密性。例如底层架空就可以为入口提供半室外的过渡空间，如果架空面积较大，还可以限定出停车空间。再比如中间层架空则能够为建筑内部或内部的某个功能房间提供可以接触自然的半室外的露台。

6.3 室外空间

建筑中也可能存在完全的室外空间。例如可上人的屋顶平台就是一个完全开放的室外空间，建筑中的庭院也是室外空间。同半室外空间一样，建筑中的室外空间的公共性也远小于建筑之外的室外空间。比如人需要进入建筑内部才能够到达屋顶平台或室内庭院。

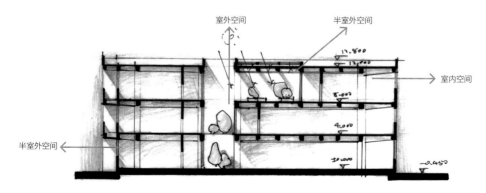

图6-1 竖向上的基本空间要素

7 竖向空间的组合模式

7.1 不同功能的空间组合

除了第1章所涉及的平面上的功能分区，不同功能空间还可以进行垂直方向上的组合，即将不同类别的功能房间集中起来布置在不同的层高上。这样的空间组合方式可以完全消除平面上的流线交叉而同时通过建筑内部的竖向交通保持不同功能间的联系，同时由于功能所在的建筑层高不同，还可以将各个功能的入口在垂直方向上分离，形成"双首层"的建筑布局。"双首层"在实际项目中较为常见，例如大型建筑如城市级别的博物馆，通常要经过一段室外大台阶才能到达展厅入口，然后进入展厅流线。展厅的入口实际上被抬高了，而首层则安排所有的辅助办公功能，并在一层开设办公入口实现与参展流线的分离。小型建筑例如容纳两代人的住宅也可以参考这种空间组合。"二代居"一个重要的思考切入点便是如何使两代人的关系既紧密而又能在一定程度上保证各自生活的私密性。此时就可以考虑将老人生活区放在首层，而将青年人的生活区放在二层及以上的区域，并可设置独立的室外出入流线，老年、青年的套间可通过住宅内的竖向楼梯相连而维系家庭的亲密感。

7.2 不同尺度的空间组合

竖向空间中也存在不同的空间尺度，在剖面上，空间尺度主要体现在空间的高度与宽度。一般的使用空间的高度都为 3 ~ 5m，通常建筑的单层层高就可以满足。然而某些特殊功能需要非常规的空间高度，例如体育场馆或者大型展品展厅，还有一些建筑内公共的较为开放的空间如门厅或者中庭，此时就需要考虑这些具有特殊层高的空间如何与普通层高的空间相组合。在快速设计中，不同尺度的空间组合模式通常有垂直叠加与水平并置两种模式。

7.2.1 脱离

将大尺度空间与小空间脱离，可以直接避免结构转换的问题。同时，大空间的形态也可以相对自由灵活，能与规整小空间构成的建筑体块形成对比（图 7–1）。

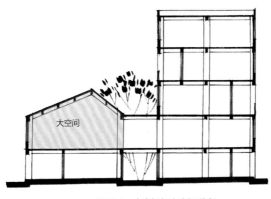

图 7-1　大空间与小空间脱离

7.2.2 垂直叠加

通常方案中会将大空间置于顶部，而将小空间布置在低层来"支撑"大空间。这样的组合模式尤其适合具有无柱要求的超大型空间，如球场、多功能厅与报告厅，将这类空间置于顶部是一种极为经济的布局方式，避免了底部无柱大空间支撑小空间的结构难题。还可以将大空间做局部悬挑，保证内部空间组织逻辑的同时丰富立面层次（图7-2）。

7.2.3 水平并置

不同尺度的空间还可以在水平方向上组合，将小空间垂直叠加置于大空间一侧，从而使建筑获得均衡的体量感（图7-3）。

7.2.4 嵌合

大空间如中庭还可以嵌合在小空间内部，成为具有主导性的空间。还可以将大空间，如多功能厅置于地面层，嵌于小空间如办公室、教室体块之间，从而形成高度的对比，同时大空间的顶部也为小空间的功能提供了室外活动平台（图7-4）。

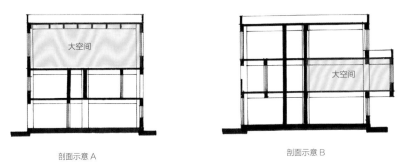

剖面示意 A   剖面示意 B

图 7-2　大空间与小空间垂直叠加

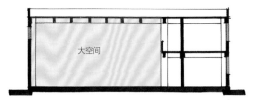

图 7-3　大空间与小空间水平并置

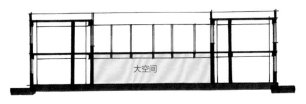

图 7-4　大空间嵌合于小空间

竖向空间的优化设计策略

高品质的建筑都少不了内部丰富的竖向空间设计，恰到好处的竖向空间可以在满足建筑基本需要的同时，丰富内部空间的层次。在快速设计中，对于建筑竖向空间的优化策略，可以从"打断围护结构的连续性"的角度入手，而所谓的围护结构包括墙体、楼板与屋顶。具体到建筑的各个部分，可以将优化策略归纳为设置架空、通高、平台与天窗。

8.1 架空

架空是指房屋建筑凌空的构架形态。常见的架空形式主要涉及底层架空与中间层架空。架空可以打断建筑剖面外围墙体的连续性，使得建筑自身形成多样的灰空间。在快速设计考试中，如果用到架空手法，宜使其结合特定的功能需求，而使架空的存在有理可依。

8.1.1 底层架空

底层架空指地面层建筑空间外墙后退所形成的空间形态。在功能层面，可以利用底层架空作为入门的过渡空间，兼顾雨篷功能；还可以将底层架空半开放的空间性质结合一定功能，例如餐饮建筑中的室外就餐区、住宅中的泳池或者停车位，或者直接将底层全部架空设置为停车空间或者是活动广场；还可以直接利用底层架空联系起不同城市空间，使人流穿越无阻（图 8-1）。

在形态层面，底层架空形成的"虚"还能与上部建筑的"实"形成对比。外墙后退也使得建筑外立面有了更为丰富的阴影层次，对于框架结构，大面积的底层架空还可以使外沿的柱子暴露，形成柱廊，为建筑立面增添了韵律感（图 8-2）。

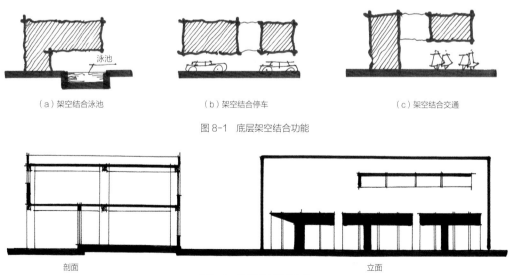

（a）架空结合泳池   （b）架空结合停车   （c）架空结合交通

图 8-1 底层架空结合功能

剖面   立面

图 8-2 底层架空形成柱廊

8.1.2 中间层架空

　　建筑中间层的外墙后退，即可形成中间层架空（图 8-3）。在功能上，中间层架空可以为建筑的使用者提供室外活动空间，同时当建筑采用"双首层"的布局方式时，中间层架空则成为入口的过渡空间。

　　在立面造型上，与底层架空相似，中间层架空也可以与建筑实体形成对比，并丰富立面的层次。在多层建筑设计中，中间层架空还可以通过同时后退建筑中间多层的外墙来实现，从而在体量上形成明显的虚实关系。

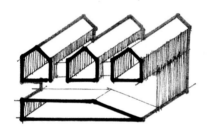

中间层架空在丰富建筑体块的同时为入口提供了灰空间。

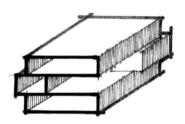

中间层架空可以在建筑立面上营造出虚实感，也可以为建筑内部使用者提供一定室外活动场所。

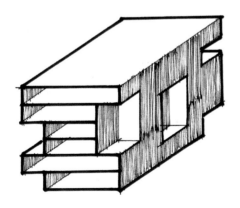

当建筑体量较大，层数较多时，还可以通过架空多层而在体量上形成大尺度的灰空间，在立面上营造较为强烈的虚实关系。

图 8-3　各类型的中间层架空

8.2 通高

在建筑中，通高空间打断了楼板的连续性，可以提升开放空间（门厅、中庭或其他开放空间）的品质，同时满足视线交流、采光与传声的需要，使空间呈现流动性。在建筑设计中的通高手法一般分为以下四种类型。

8.2.1 对位通高

即每层平面中的楼板空缺位置在垂直方向上完全重叠所形成的空间效果。具有对位通高的建筑空间干净利落，平面逻辑和剖面逻辑易于理清，是一种常见的快速设计手法。对位通高空间一般常见于门厅和中庭 (图8-4)。

8.2.2 错位通高

错位通高是指每层平面中的楼板空缺位置在垂直方向上不重合所形成的空间效果。与对位通高相比，错位通高更能营造富有变化的空间。一般来讲，当建筑层数大于等于 3 层时，可设置错位通高。通高位置的挪移会在内部空间内形成正退台、倒退台及错综复杂的空间效果（图 8-5）。

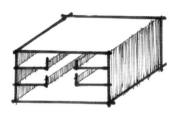

对位通高可获得形态规整的通高空间。

图 8-4 对位通高

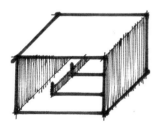

楼板逐层后退，则营造出退台效果，打造愈发开放的通高空间。

（a）楼板逐层后退

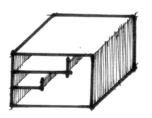

楼板逐层延伸，则营造出倒退台效果，使通高空间在视线范围内呈现出多种高度。

（b）楼板逐层延伸

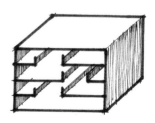

楼板进行不规则的开洞，营造具有丰富变化的通高空间。

（a）楼板不规则开洞

图 8-5 错位通高

8.2.3 庭院通高

对位通高空间的四周安装上玻璃幕墙等围护结构而将通高置于室外即形成内庭院。内庭院打断了建筑各层楼板的连续性，丰富了内部空间体验，还可以提升建筑内部的采光品质（图 8-6）。

8.2.4 具有节奏感的通高

具有节奏感的通高一般尺度较小，通常用于走廊空间的优化，也可用于展厅等开放空间的分割。当建筑平面呈线性时，为了减少走廊空间的乏味感，可适当增宽走廊宽度，设置有节奏的通高空间。当建筑中存在展厅等开放空间时，还可使用通高代替墙体划分空间（图 8-7）。

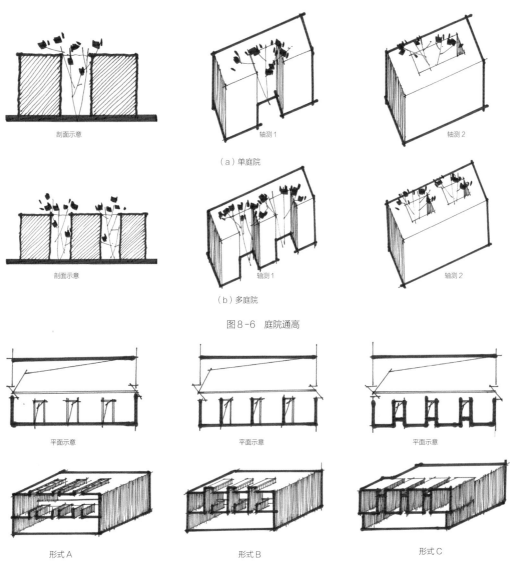

剖面示意   轴测 1   轴测 2

（a）单庭院

剖面示意   轴测 1   轴测 2

（b）多庭院

图 8-6　庭院通高

平面示意   平面示意   平面示意

形式 A   形式 B   形式 C

图 8-7　具有节奏感的通高

8.3 屋顶平台

顶层建筑空间外墙内退即形成屋顶平台，屋顶平台在剖面上打断了屋面板的连续性。屋顶平台在功能上可以满足建筑一部分的功能需要，例如住宅中的露台等，还可以通过在其上设绿化从而使之具有生态节能的意义。在具体的解决问题层面，屋顶平台除了可以削减多余面积外，还能够丰富建筑形体，呼应场地环境中的景观元素，或者满足顶层空间的采光需求（图8-8）。

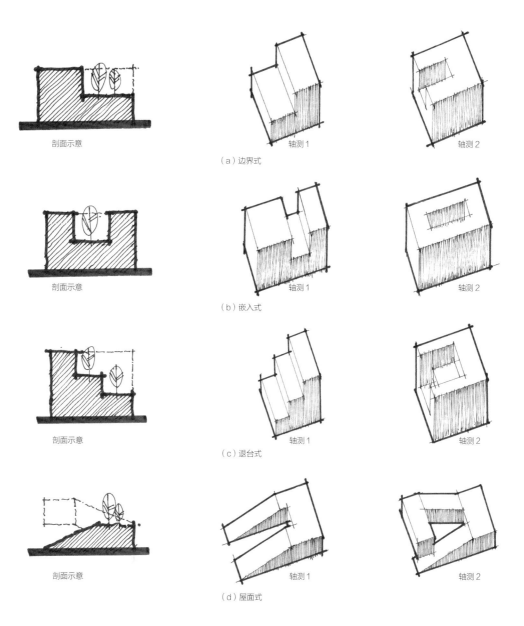

剖面示意　　　　　　　　　　轴测1　　　　　　　　　　轴测2

（a）边界式

剖面示意　　　　　　　　　　轴测1　　　　　　　　　　轴测2

（b）嵌入式

剖面示意　　　　　　　　　　轴测1　　　　　　　　　　轴测2

（c）退台式

剖面示意　　　　　　　　　　轴测1　　　　　　　　　　轴测2

（d）屋面式

图8-8　屋顶平台形式

8.4 天窗

天窗不仅能够为室内空间引入自然光线，减少白天的能源消耗，还能够改善室内的通风环境。同时天窗的出现还打断了原本封闭连续的屋顶，因而还可以起到还能够丰富"第五立面"即屋顶的作用。在快速设计的过程中，天窗的设计一般要考虑两方面的内容，一是天窗的开窗位置，二是选择与具体空间相匹配的天窗类型。

8.4.1 天窗的位置

建筑设计中天窗常见于公共的具有开放性的空间的顶部，如门厅、中庭、走廊的上方，这种做法相当于为公共空间引入了自然光线，人行走其中或者进行一些交流活动时会有着接近自然的光照环境。

天窗并不能够适用于所有的功能性房间，例如在一些作业活动需要高度用眼的空间，例如书画活动室、电子阅览室等，就应避免开设天窗，避免光照过强无法作业的情况。如若将天窗开在功能房间内，则需注意控制开窗面积与阳光射入方向，避免室内产生眩光。例如在尺度较大的展厅或者是体育场馆，如果没有天窗，侧窗采光的光线很难达到建筑内部，而天窗却可以解决这个问题。然而在这种情况下，天窗的面积要避免过大导致室内环境过亮，也要避免直射光线长驱直入，因而要调整天窗的形态来引导漫射光线射入。

8.4.2 常见的天窗类型

在实际案例中，天窗的样式繁多，还可根据具体的实际需求而进行定制。在快速设计时，可以按照天窗的形态特征将其区分三种类型，它们分别为条形天窗、片状天窗和单元天窗。三种天窗因为其形态特征的不同决定了所适用的建筑空间的类型也不同。

1. 条形天窗

条形天窗由于其修长的形态，一般用于走廊。将条形天窗置于走廊之上不仅可以为走廊引入自然采光，还可以在第五立面上强调"廊"与空间的逻辑关系。条形空间也可以用于功能空间，例如放置在房间的端部形成一条光带，为空间营造特别的光照氛围（图 8-9）。

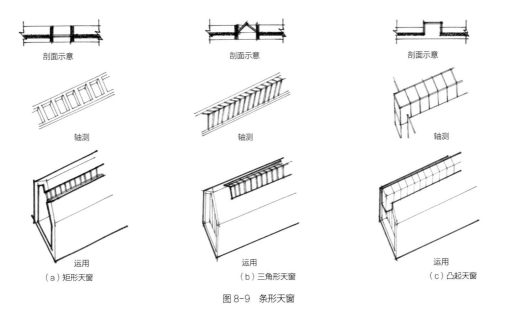

剖面示意　　　　　剖面示意　　　　　剖面示意

轴测　　　　　　　轴测　　　　　　　轴测

运用　　　　　　　运用　　　　　　　运用

（a）矩形天窗　　　（b）三角形天窗　　　（c）凸起天窗

图 8-9　条形天窗

2. 片状天窗

片状天窗是一种具有一定面积、透光量较大的天窗，常常用于门厅或中庭等集中的公共开放空间 (图8-10)，用于为这些空间提供尽可能长时间的自然光照。同时由于门厅与中庭的位置相对居中，因而从"第五立面"上看，片状天窗将会形成大片的"虚"而嵌插于其他的建筑实体，形成鲜明的对比。

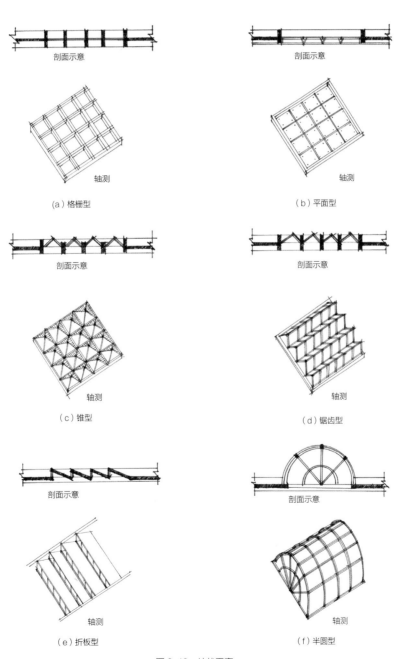

图8-10　片状天窗

3. 单元天窗

单元天窗指体积小，透光量也较小的在一栋建筑中多次重复出现的天窗（图8-11）。单元天窗成点状分布，形态可以多变，常见的有筒状的天窗与折板状天窗，它们常用于优化大空间（展厅、报告厅、室内操场）的采光，但是需调整天窗形态，注意避免直射光。

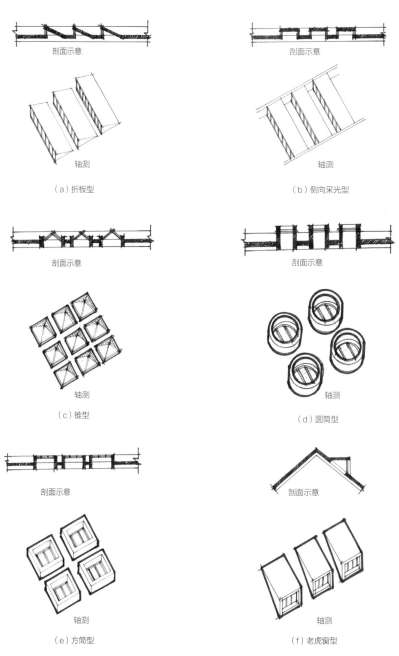

图8-11 单元天窗

9 结构选型

9.1 框架结构

框架结构是指由梁和柱以钢筋相连接而成，构成承重体系的结构，即由梁和柱组成框架共同抵抗使用过程中出现的水平荷载和竖向荷载。框架结构的房屋墙体不承重，仅起到围护和分隔作用。框架结构的基本受力构件为梁—板—柱，基本传力逻辑为荷载直接作用在板上，板将力传递到梁，梁再将力传递到柱，并由柱传向大地（基础）。

9.1.1 框架柱

框架柱就是在框架结构中承受梁和板传来的荷载，并将荷载传给基础，是主要的竖向支撑结构，框架的经济跨度一般为 6 ～ 9m。在快题中，我们需要注意的是框架柱的布置方法——原则上每一框架柱应具有 x 方向与 y 方向的双向约束，即框架柱必须有两个垂直方向的梁与之相连。

9.1.2 框架梁

框架分为主梁与次梁，主梁是指两端与框架柱相连的梁，直接将荷载传递给柱，次梁一般搭接在主梁之上，作用是缩小板跨。一般快题中只需要绘制出主梁便可。主梁高度约为跨度的 1/12 ～ 1/8。

如果建筑平面在小距离内有过多的转折，或是空间塑造的需要，常常会在两柱之间设置折梁。梁只要做到连续不断开，便可以被任意弯折，在设计中我们可以适当使用折梁，使结构布置更为灵活（图 9-1）。普通的梁（也称正梁）顶面与现浇板底面标高一致，而上翻梁（也称反梁）底面与现浇板顶面标高一致。相同层高下，上翻梁可使下层空间获得更多的净高（图 9-2）。

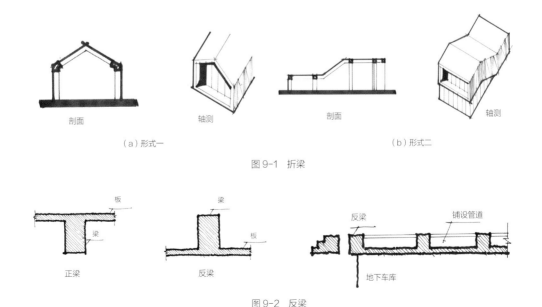

剖面　　　轴测　　　剖面　　　轴测

（a）形式一　　　　　　　　　　（b）形式二

图 9-1　折梁

正梁　　　反梁

图 9-2　反梁

9.1.3 框架墙

框架结构中，墙体不承重，因此框架结构中大多数墙体只需要自承重即可。在快题中，我们遇到的框架墙只有剖面中一道粗线的实墙与三道细线的玻璃幕墙。

玻璃幕墙有很多种类，快速设计中常用的有：明框式玻璃幕墙、点支式玻璃幕墙与全玻璃幕墙。明框式玻璃幕墙是最普通的玻璃幕墙形式，有金属分割框；点支式玻璃幕墙是一种配合钢结构的玻璃幕墙形式，由钢构件伸出支撑构件，并固定玻璃的四个角点，形式特征是每四块玻璃相交的角点均会有四个固定点；全玻璃幕墙造型简洁美观但成本较高，特征是有垂直于玻璃方向的玻璃肋用于抵抗侧向荷载（图9-3）。

9.1.4 框架悬挑

框架梁只有一端与柱连接，另一端无约束，则称作挑梁；挑梁的经济出挑距离约为跨度的1/2。如果需要悬挑的距离小于1.5m，也可使楼板直接出挑，但板厚应适当增加。

框架悬挑为方正的框架结构提供了很多造型的可能性，在快题中时常会被运用，尤其是在柱网规则，而又希望建筑外部出现丰富的变化时，可利用悬挑满足造型要求（图9-4）。

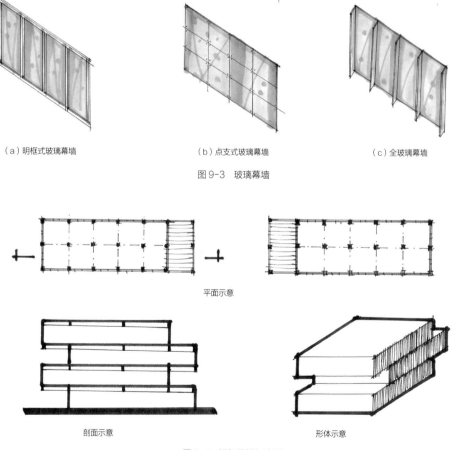

（a）明框式玻璃幕墙　　　　　　（b）点支式玻璃幕墙　　　　　　（c）全玻璃幕墙

图9-3　玻璃幕墙

平面示意

剖面示意　　　　　　　　　　形体示意

图9-4　框架悬挑与造型

9.2 大跨结构

当遇到一些特殊功能时，例如报告厅、中庭、展厅、室内操场，一般的框架结构就无法满足空间的需求，此时就需要选取大跨结构来营造宽敞的无柱的空间来与空间功能相匹配。

9.2.1 井字梁结构

井字梁就是不分主次，高度相当的梁同位相交，呈井字形。这种一般用在楼板是正方形或者长宽比小于1.5的矩形楼板，大厅比较多见，梁间距3m左右。由同一平面内相互正交或斜交的梁所组成的结构构件。又称交叉梁或格形梁。井字梁适用的空间长宽比范围为1:1～1:1.5（2:3），跨度为20m以内，梁间距约为3m，梁厚500～800mm。在快速设计中，井字梁常常运用于报告厅和多功能厅、中庭等尺度偏大且要求无柱的室内空间（图9-5、图9-6）。

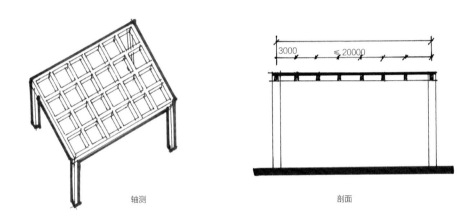

轴测　　　　　　　　　　　剖面

图 9-5　井字梁结构

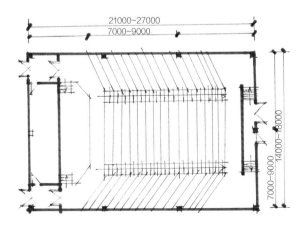

图 9-6　井字梁结构所适用的空间

9.2.2 桁架结构

桁架是一种由杆件彼此在两端用铰链连接而成的结构。桁架杆件主要承受轴向拉力或压力，从而能充分利用材料的强度，在跨度较大时可比实腹梁节省材料，减轻自重和增大刚度。桁架结构中运用到桁架的部分常为桁架梁，梁两端搁置在柱上，柱可以为钢筋混凝土柱、钢结构柱或是桁架柱。

井字梁的跨度一般不大于 20m，如遇到跨度大于 20m 的空间宜使用桁架结构。井字梁是双向受力体系，桁架则为单向，因此井字梁适用平面更趋向于正方形（长宽比小于 1:1.5），桁架则适用于长条形平面（图 9-7）。桁架常常出现于体育场馆类建筑。桁架还可以放大自身尺度，将其作为支撑结构，又作为外围护结构，满足跨度需要的同时还因为结构自身的构造而凸显出较大的形态张力（图 9-8）。桁架结构还可以灵活变化适应不同的建筑造型需要（图 9-9）。

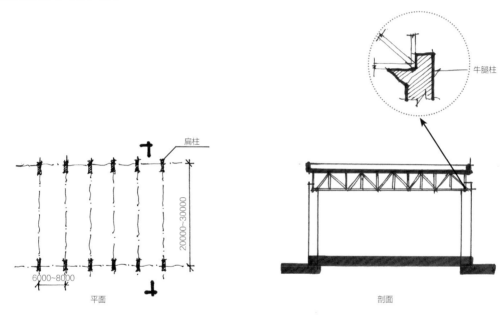

图 9-7　桁架结构的平面与剖面

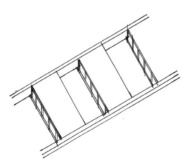

将建筑楼板有节奏地置于桁架上下，形成屋顶有韵律的凹凸变化。

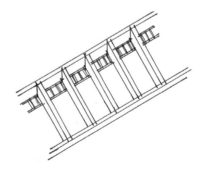

将建筑楼板置于桁架之下，屋面形成具有节奏感的片状造型元素。

图 9-8　桁架结构结合屋顶造型

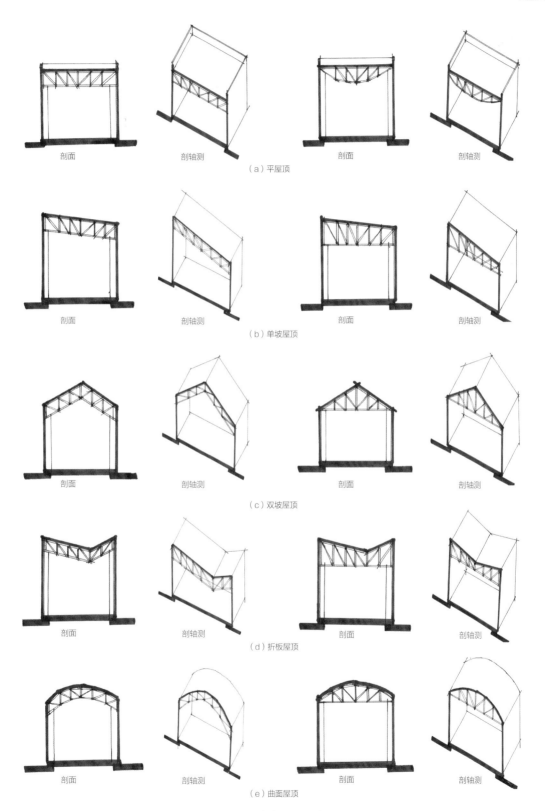

剖面　　　　剖轴测　　　　剖面　　　　剖轴测
（a）平屋顶

剖面　　　　剖轴测　　　　剖面　　　　剖轴测
（b）单坡屋顶

剖面　　　　剖轴测　　　　剖面　　　　剖轴测
（c）双坡屋顶

剖面　　　　剖轴测　　　　剖面　　　　剖轴测
（d）折板屋顶

剖面　　　　剖轴测　　　　剖面　　　　剖轴测
（e）曲面屋顶

图9-9　桁架与建筑屋顶形式

10 剖面制图与表达

10.1 剖切位置选取

剖面能够直观体现建筑中竖向空间的设计，因而在绘制剖面前，应对剖切位置加以选择。一般来讲所选择的剖面位置应着重表达亮点空间，即富有变化的空间，或特殊的结构类型。剖面中较为丰富的空间即为常用的竖向空间设计策略所营造的空间类型，即底层架空与中间层架空，门厅与中庭的通高，内庭院、屋顶平台和天窗等，还可以体现设计中对特殊结构的选取，如体育建筑中所运用到的桁架结构或者是多功能厅与报告厅所运用的井字梁结构等。

10.2 绘制流程

剖面主要表达竖向空间的设计意图与建筑结构关系。作图顺序可参考图 10–1。

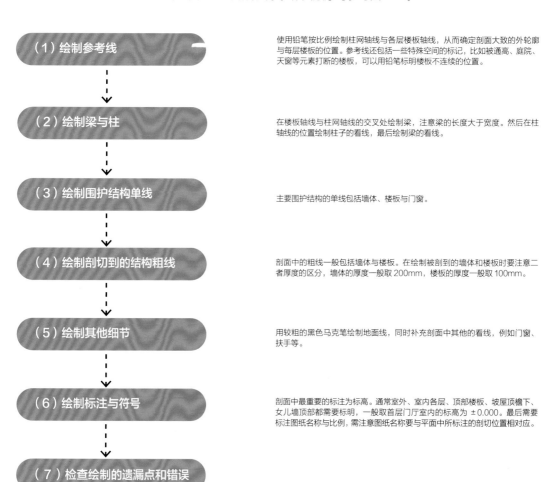

（1）绘制参考线　　使用铅笔按比例绘制柱网轴线与各层楼板轴线，从而确定剖面大致的外轮廓与每层楼板的位置。参考线还包括一些特殊空间的标记，比如被通高、庭院、天窗等元素打断的楼板，可以用铅笔标明楼板不连续的位置。

（2）绘制梁与柱　　在楼板轴线与柱网轴线的交叉处绘制梁，注意梁的长度大于宽度。然后在柱轴线的位置绘制柱子的看线，最后绘制梁的看线。

（3）绘制围护结构单线　　主要围护结构的单线包括墙体、楼板与门窗。

（4）绘制剖切到的结构粗线　　剖面中的粗线一般包括墙体与楼板。在绘制被剖到的墙体和楼板时要注意二者厚度的区分，墙体的厚度一般取 200mm，楼板的厚度一般取 100mm。

（5）绘制其他细节　　用较粗的黑色马克笔绘制地面线，同时补充剖面中其他的看线，例如门窗、扶手等。

（6）绘制标注与符号　　剖面中最重要的标注为标高。通常室外、室内各层、顶部楼板、坡屋顶檐下、女儿墙顶部都需要标明，一般取首层门厅室内的标高为 ±0.000。最后需要标注图纸名称与比例，需注意图纸名称要与平面中所标注的剖切位置相对应。

（7）检查绘制的遗漏点和错误

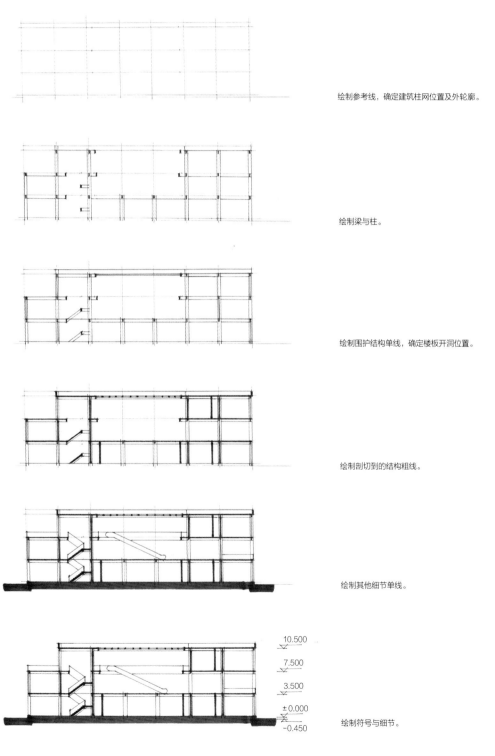

绘制参考线，确定建筑柱网位置及外轮廓。

绘制梁与柱。

绘制围护结构单线，确定楼板开洞位置。

绘制剖切到的结构粗线。

绘制其他细节单线。

绘制符号与细节。

图 10-1　剖面绘制流程

10.3 表现技法

    适当对剖面进行表现，可以突出空间氛围或展示设计意图。在剖面最基础的信息表达完全后，可以根据需要在剖面中添加人物、绘制箭头或者填涂色彩（图 10-2）。

    人物的添加可以直观表达空间的尺度，例如住宅中的空间与大型展厅的空间尺度的不同通过人的尺度就可以区别，生动的人物形象还可以体现场景感。

    适当的绘制一些箭头可以表达建筑中使用者可能出现视线交流，也可以体现建筑中声、光与风在空间中的渗透。而色彩在建筑内部则可以用来强调特殊空间，例如通高空间，或者是室外庭院空间，或者是用来区分室内外空间，还可以在建筑周围适当绘制配景树，烘托建筑剖面。

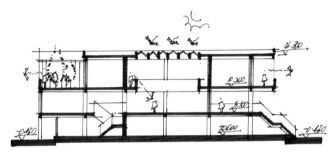

人物体现了建筑空间的尺度，也体现了建筑内部空间的使用场景。光线的表达也体现了建筑的采光方式。

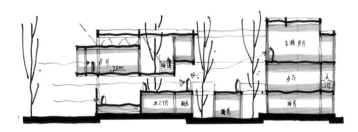

建筑本身用了中间层架空和庭院来营造大量的半室外与室外空间，而配景树则表现了建筑的通透感，也表达了建筑与景观的互融关系。人物的加入体现了空间尺度，视线的表达也凸显了建筑设计的意图。室内空间色彩的提及将室内外空间做出了明显的界定。

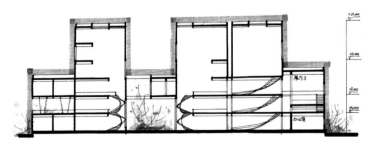

植物配景的加入区分了室内外空间，也提亮了图面效果。运用灰色马克笔对剖面进行描边，凸显了建筑轮廓。

图 10-2　剖面图

11 经典案例分析

11.1 科技大楼 / Sheppard Robson

　　建筑师在校区中心区域设置了一个5层高的L形盒体，建筑呈简单的直角正交结构，源自细胞网格的结构，遵从外部形式内化而成的L形内廊灵活联系起建筑内部的众多功能。入口和户外平台由内嵌玻璃的铜网格装饰，保持了建筑整体的颜色丰富性，同时也与镀了铜色的涂装交相呼应。从建筑竖向设计的角度上看，可以总结归纳出以下要点。

1. 通高

　　通高空间能够极大提升建筑内部空间丰富度。建筑师设计了以素混凝土搭成的屋顶天棚，构成了建筑的入口中庭，遍布人流经过的主要空间。中庭内悬挑的钢制楼梯衔接了四层空间，从中庭两边的侧廊上可窥见室内外通透的生活景象与自然景观。L形内廊流线空间中，建筑师于走廊旁侧设置了大小不一的通高空间，给带有严肃意味的实验室功能增添了一丝趣味性，并有效提供了室内采光。

2. 底层架空

　　架空能够迅速表达出虚实关系，在设计中，营造架空底层并结合交流、景观、停车等功能，往往能够呈现出丰富的空间效果。建筑师在建筑底层主入口处设计了两层的局部架空，同高层的架空平台一齐开放了部分地面层，同时强调出了建筑的主入口。

3. 屋顶平台

　　建筑屋顶又被称为建筑的"第五立面"，无论是供人活动的屋顶平台，抑或是能够满足户外休息与交流功能的屋顶花园的营造，都能够为设计增添一抹清新的自然气息。

建筑外观

中庭

图片来源：https://www.archdaily.cn

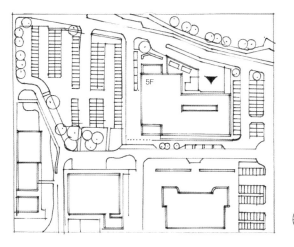

总平面图

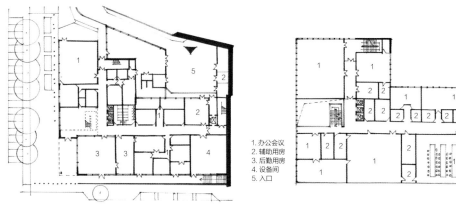

建筑首层平面图

建筑师采用 L 形内廊组织流线，串联
两侧大小不一的空间，并于走廊尽端
和转折处设置交通空间。

建筑标准层平面图

1. 办公会议
2. 辅助用房
3. 后勤用房
4. 设备间
5. 入口

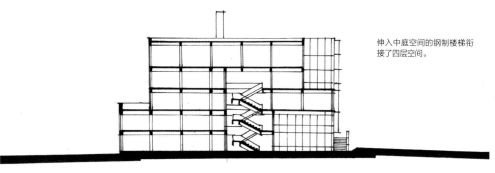

建筑剖面图

伸入中庭空间的钢制楼梯衔
接了四层空间。

11.2 大诺瓦西国际中学

建筑师通过这幢新建的国际中学将毗连的地区进行了联结统一，以基本材料如混凝土、砖、木材、玻璃的特殊使用，以及结构表达的精确性和简单化，维持了建筑自身的纯粹性与平静感。从建筑竖向设计的角度，可以总结归纳出以下要点。

1. 内庭院

追随地势，建筑师在建筑中设置了多个通高中庭，并通过连续的开敞楼梯将上下层有效结合起来。标准层建筑平面呈拉长的"回"字形，服务空间位于中心条段，辅以景观内庭院的植入，通过环绕交通动线部分穿插实现了建筑功能的有效组织。

2. 底层架空

采用底层架空式的山地建筑设计，其底面与基地表面完全或局部脱开，以柱子或建筑局部支撑建筑的荷载，对地形变化有很强的适应能力。建筑架空的底层烘托出了上部漂浮的盒体，底部混凝土柱收纳了来自大地的力量，经由柱端骤然变小的精致金属支点，向中心线同柱中轴线相连续的窗间墙传递，衍生出一种纵向的升腾感。

3. 迎合山地

不规则地形的场地环境中，建筑以何种姿态迎合山地是设计重点。建筑师在建筑中采用了连续性的坡道设计，通过坡道巧妙地将人引导至标高较高处的建筑入口，解决了建筑与地形的矛盾。跌落的主要建筑体块呼应了山地地形，通过梯状斜坡上种植的常青植物，对不同标高的体量进行了自然衔接。

4. 屋顶绿化

屋顶绿化是城市绿化向立体空间延展的重要方式，在设计中，建筑师通过屋顶绿化的处理，对城市景观进行了自觉延续，呼应了地形，并达到了景观视线关系的有机衍变。

建筑外观

建筑外观

图片来源: https://www.archdaily.cn

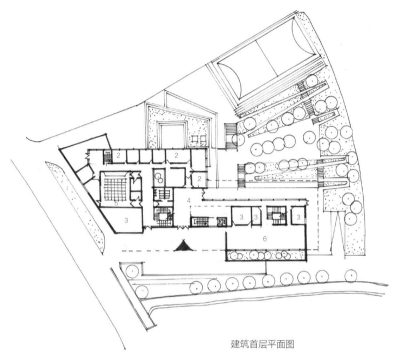

建筑师采用连续的坡道迎合山地地形，通过坡道将人引导至建筑入口。

1. 教室
2. 办公会议
3. 辅助用房
4. 门厅
5. 报告厅
6. 展示空间

建筑首层平面图

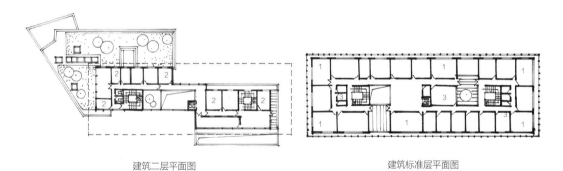

建筑二层平面图

建筑标准层平面图

建筑师顺应地势，在建筑中设置了若干通高中庭；并通过屋顶绿化将城市绿化自觉向建筑空间延展，柔化建筑外部空间边界。

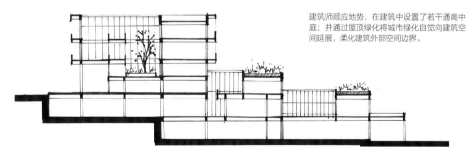

建筑剖面图

11.3 航运学院 / DP6 建筑事务所

这幢航运学院建筑，以通透、明亮、开放的框架形体，展示了独特的外观和富有活力的特性。在建筑内部可以看到清晰的结构框架，钢节点、桁架等稳定结构营造出船舶和运输的气氛。从建筑竖向设计的角度，可以总结归纳出以下要点。

1. 错位通高

建筑内采用了错位通高的竖向操作，产生了极强的剖面趣味性，引发了建筑内部的层级关系与行走的序列性。入口大厅一二层共享一个通高空间。通过楼梯可达二层廊道，穿越廊道底部可达中部中庭。三至五层以楼梯环绕联系了3层高的中庭通高空间，顶部以双坡式玻璃天窗收束，阳光层层投射进入，加强了建筑中庭的深邃感。

2. 中间层架空

建筑师在不同层高处引入了凸出盒体架空处理，蓝色箱体错位架空，营造出了不同高度的盒体下灰空间，不同位置的盒体、幕墙、内凹庭院在建筑外部衍生了层级丰富的趣味性建筑空间。盒体部分之外的玻璃幕墙，提供了必要的透明度，使建筑空间与鹿特丹港的航运工作产生了透澈的视线关系。

3. 形体

建筑师在北向与南向立面上设计了冲出幕墙的错位凸起的蓝色盒体，盒体概念来自于集装箱意向，突出了大空间。白色折板将本身独立且错落有致的湛蓝色箱体统一划归，形成了稳定的立方形体。

建筑外观

建筑内部

图片来源: https://www.archdaily.cn

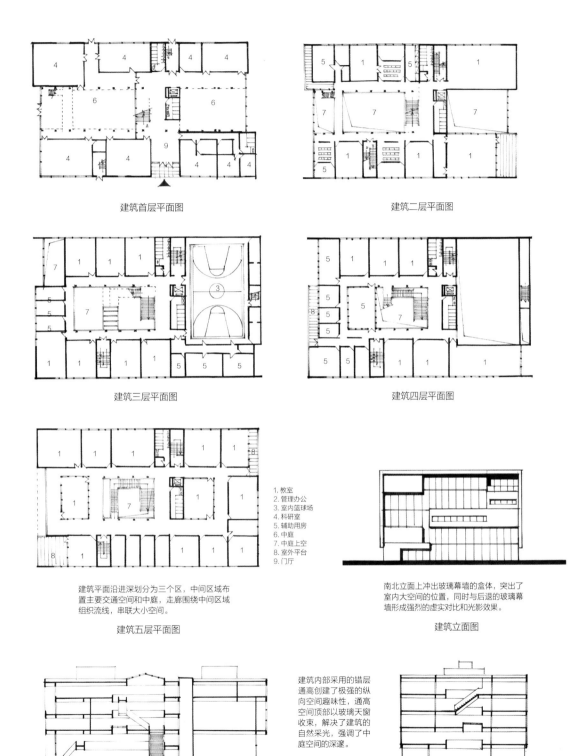

建筑首层平面图

建筑二层平面图

建筑三层平面图

建筑四层平面图

1. 教室
2. 管理办公
3. 室内篮球场
4. 科研室
5. 辅助用房
6. 中庭
7. 中庭上空
8. 室外平台
9. 门厅

建筑平面沿进深划分为三个区，中间区域布置主要交通空间和中庭，走廊围绕中间区域组织流线，串联大小空间。

建筑五层平面图

南北立面上冲出玻璃幕墙的盒体，突出了室内大空间的位置，同时与后退的玻璃幕墙形成强烈的虚实对比和光影效果。

建筑立面图

建筑内部采用的错层通高创建了极强的纵向空间趣味性，通高空间顶部以玻璃天窗收束，解决了建筑的自然采光，强调了中庭空间的深邃。

建筑剖面图

11.4 多运动操场和教室综合体 / Alberto Campo Baeza

建筑位于马德里 Francisco de Vitoria 大学，延续了建筑师一贯的简约纯净的风格，建筑设计的基本元素是 60m×50m×12m 的半透明盒体，一个巨大、通透、轻盈，同时拥有良好采光的纯净长方体。建筑由两个巨大的盒体组成，其中较大的容纳了体育馆，较小的容纳了游泳馆和多功能教室。西南侧底层的玻璃条带让体育馆和校园广场产生联系。从建筑竖向设计的角度，可以总结归纳出以下要点。

1. 桁架结构

建筑师采用了白色的平行弦杆梯形桁架结构，通过钢梁和桁架支撑起了体育馆偌大的屋顶，有效解决了屋顶跨度的问题。空间内运用了纯白色的设计，整体结构同样以白色展现，给人以轻盈的感受。建筑其他部分均采用了钢筋混凝土结构。游泳馆位于地下室，馆内空间中的梁采用了大跨度的设计。

2. 竖向的大小空间组合

建筑师明确区分了教学区域和体育馆空间，利用不同的材料和空间尺度定义了两个分离却互相联系的功能。两个干净、功能明确的体量由一层较低的建筑物连接在一起，凹陷部分空间是两个体块共享的中庭，带有节奏感与韵律感的建筑形体保证了建筑形式与功能的均衡。

3. 平面上的大小空间组合

平面与形式也相互契合，建筑师将平面划分为 3 个部分。地下一层主要为游泳馆空间，更衣间、盥洗室捆绑放置于游泳馆旁的中心条带。首层入口空间沿轴线通透至另一端，使体育馆和教室空间得到明确区分，也为两个不同大小的功能块营造出纯净的过渡区。从二层起始，两个较大体量相互分离，分别作为教室功能和体育馆看台及体育馆通高空间功能。在教室体块中，垂直交通分散在两侧，保证了其功能完整性与使用效率。

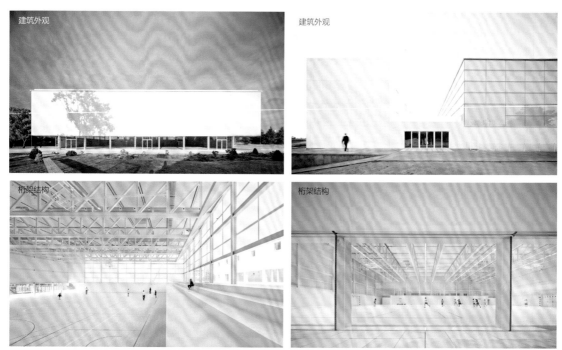

建筑外观

建筑外观

桁架结构

桁架结构

图片来源: https://www.archdaily.cn

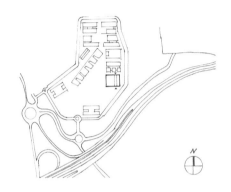

总平面图

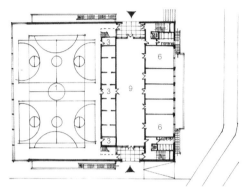

建筑首层平面图

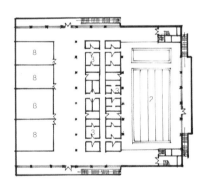

建筑地下层平面图

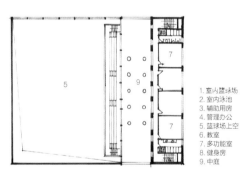

建筑二层平面图

1. 室内篮球场
2. 室内泳池
3. 辅助用房
4. 管理办公
5. 篮球场上空
6. 教室
7. 多功能室
8. 健身房
9. 中庭

平面上将小空间紧凑排列，与大空间并置，合理有效组织大小空间。

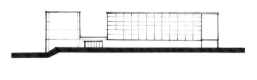

建筑立面图

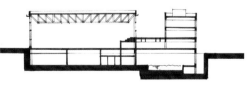

建筑剖面图

沿竖向空间明确区分了教学区域和体育馆空间，一层体块为体育馆，二层两个体块分别为体育馆通高部分和教学区域，凹陷区域为两个体块共享的中庭。

11.5 The SIX 公寓 / Brooks + Scarpa 建筑事务所

建筑师通过一个包含 52 个住宅单元的公寓建筑设计，为残疾退伍军人提供了舒适的住所。建筑打破了传统住宅的规范性模式，创建出公共与私有和谐共存的公寓空间，促进了个人和公共社会之间的和谐关系。从建筑竖向设计的角度上看，可以总结归纳出以下要点。

1. 中间层架空

外立面采用了可视的居住单元架空设计，产生出 3 层高的入口灰空间，立面展示出通透延续的空间处理效果，显现出一种现象的透明性。以交流为中心的设计理念贯穿在建筑师的设计中，削减式变化带来了空间容积的流转，建筑内部设置了 5 层通高的核心中庭，为居住者提供了一个舒适的交流场所。

2. 庭院

在设计中分散增设庭院，可以使剖面看起来更加丰富与灵活。建筑师营造了多种庭院形式，主入口灰空间下的庭院广场、入口阶梯式景观庭院、中心天井式内庭院，屋顶平台、屋顶花园等一系列提供互动空间以及共享空间的丰富景观空间。庭院既充当了核心交通功能，又丰富了空间层次关系。景观柔和了建筑与环境的边界，轻盈了建筑形态，活化了建筑功能空间。

3. 平面布局

首层作为停车功能，于东侧设置折行双跑梯、西南侧设置直跑梯通向一层住宅区域。二层通过花园形态呈现出开放的入口大厅，三四层通过两端双跑梯以卜字形走廊连通各个居住空间。五层则转变为较为标准的"回"字形平面，以围绕中庭的环廊串联外圈居住单元。

外立面可视化的架空处理，营造了三层高的入口灰空间，并且呈现了建筑内外通透延展视觉效果。

图片来源: https://www.archdaily.cn

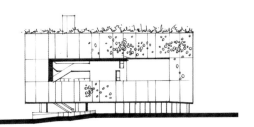

建筑立面图

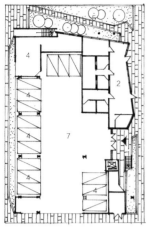

建筑首层平面图

首层利用灰空间布置停车功能。

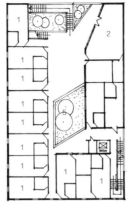

建筑二层平面图

二层围绕中庭花园组织住宅空间，并在西南侧通过花园呈现开放的入口大厅。

建筑三层平面图

三层和四层三边围绕中庭以走廊连通各个居住空间。

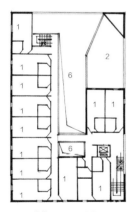

建筑四层平面图

1. 居住单元
2. 后勤辅助
3. 公共活动室
4. 停车
5. 庭院
6. 庭院上空
7. 底层架空

建筑五层平面图

五层平面转变为回字形平面，居住空间围绕中庭组织。

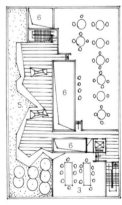

建筑屋顶平面图

第五立面设置屋顶平台和花园一系列互动共享空间，丰富了建筑空间层级，柔化了建筑外边界。

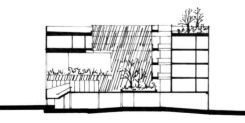

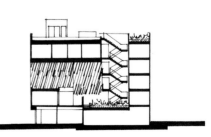

建筑剖面图

削减变化带来的中庭通高空间，连接了五层居住空间，提供给居住者交流场所。

11.6 NASP 总部 / Dal Pian 建筑事务所

建筑师设计的这幢共 29700 ㎡ 的 6 层办公建筑，容纳了近 1600 名企业员工。建筑外形为一个长约 100m 的长方形玻璃盒体，由玻璃水平框架和金属多孔百叶组成的宽阔屋顶过滤了自然光线，以简洁理性的构造方法实现了物质形式的差异化和轻盈化。从建筑竖向设计的角度上看，可以总结归纳出以下要点。

1. 底层架空

底层架空产生的灰空间作为内部和外部的过渡与中介，使内与外的组织得到延续与连贯。视线穿透过架空的底部空间，花园、绿地和室内清澈泛光的水塘在建筑群中平衡了整体形态。亮丽的橙色室外坡道成为灰空间下的活泼跳脱景致，连续的坡道与相邻开放大厅的通透立面关系强烈暗示了建筑内部开放性的空间，昭示了外部流线关系。

2. 中间层架空

建筑中间层错位架空，双层高的挖空庭院形成了叠加的虚空间，构成了一个动态穿插的有机系统。

3. 屋顶平台

屋顶退台也是层叠体块的生态性表达，绿色屋顶同时加强了建筑物的隔热作用，回应了场地既有景观。建筑师在建筑外部设置了低层退台，通过屋顶花园柔化了建筑外边界，引入了休闲空间景观与自然生态环境。

4. 通高中庭

设计师在建筑内部空间设置了中空中庭，内部花园和走廊也都对着这一中空区域。中庭部分引入退台式景观花园，为办公空间提供了一个生机盎然的休闲场所。全景电梯和橙色楼梯穿过中庭空间，强化了建筑的流动性和移动性。交通空间以橙色突出表达，交通空间与交往空间的复合形成了建筑内部动态流线，产生了流畅和外向型的工作空间。

建筑外观

建筑外观

图片来源：https://www.archdaily.cn

建筑五层平面图

1. 办公会议
2. 餐饮后勤
3. 报告厅
4. 辅助用房
5. 中庭
6. 中庭上空

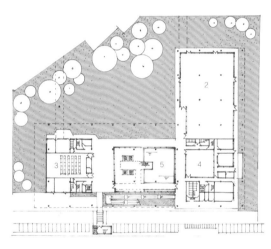

建筑首层平面图

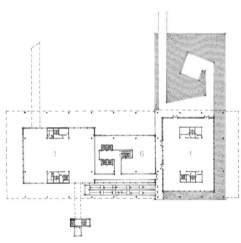

建筑二层平面图

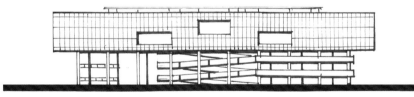

建筑立面图

底层架空衍生了灰空间，使室内外空间得到延续和连贯。中间层的错位架空，形成双层高的边庭，丰富了立面空间层级。

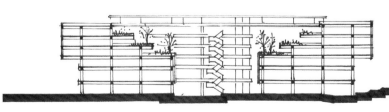

建筑剖面图

通高中庭引入退台景观花园，走廊、内部花园及其他功能空间也围绕中庭组织；同时包含核心交通空间。

12 快速设计作品评析

12.1 艺术中心设计

题目中的艺术中心位于人文自然景观良好的的风景名胜区，西南两侧为林区，南面有 20m 的高差，因而，在剖面设计中要注意处理 20m 地势的突然变化。而题中所给的不规则地形则需要设计者在形体上呼应红线和道路，应注意建筑形体的设计需要和整个基地道路环境相呼应。就该方案的剖面设计来看，建筑空间丰富，功能流线富有趣味性，下面将从以下四个方面对方案进行评析。

1. 入口设计

建筑底层主入口处设计了架空空间，开放了部分地面层的同时强调出了建筑的主入口。灰空间使视线通透，营造出丰富的空间效果。

2. 功能组织

方案通过竖向分区，将办公教学空间与公共服务区分别置于底层东、西侧，通过木栈道至入口灰空间下向两个功能块分流，将展厅空间置于二、三层。建筑形体的起伏呼应了地势，达到了与景观之间视线关系的有机衍变效果。设计者将几大类功能整合起来布置，并以合并同类项的方式实现了建筑功能复合。

3. 空间组织

设计者通过大小空间的竖向叠加，使建筑体量产生了均衡效果。整个建筑和地形的升起相呼应，使参观者体验一个有趣的流线体验。

4. 剖面策略

秩序性间隔并随建筑本体扭转的屋顶平台，应和了场地既有景观。而建筑内部的通高展厅，通过坡顶下的空间变幻提供了更佳的观展效果。设计者同时设置了条形屋顶天窗，为建筑提供了室内采光，暗示了条形展览空间。

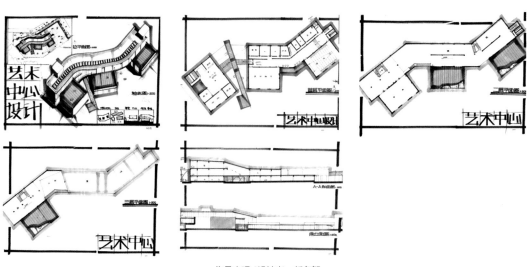

作品表现 / 设计者：任存智

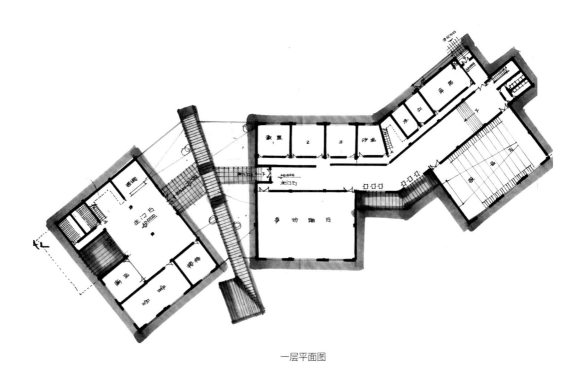

一层平面图

底层架空将一层平面分为两个功能块，各个功能入口独立，流线不交叉。

大空间安置在平面一侧，避免了与小空间发生结构冲突的问题，同时也在平面上形成了韵律感。

分析图

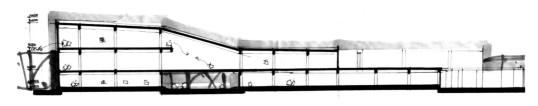

剖面图

贯通式的底层架空可以营造入口灰空间，还可以作为交通空间实现穿越性功能，也可以保持视线的通透。

通高空间提升了室内空间的流动性与开放性，加强了人与人之间的交流。

分析图

12.2　美术馆设计

　　题目中的美术馆建筑位于平坦公园内，给出了四种不同高度的展墙墙面的限定，因而在建筑设计中需要对于展墙高度与观展视距进行满足，同时需要考虑展览建筑内对于流线、视线、光线的设计。就该方案的剖面设计来看，整体分区明确，重点突出，表现力强，下面将从以下三个方面对方案进行评析。

1. 剖面策略

　　方案通过对底层展厅、服务空间，上层展示空间这些不同标高的体块进行叠加，同时营造了门厅与咖啡厅的二层通高空间。建筑通过大小盒体的并置，每一盒体都对应着其特定的功能，在美术馆中形成了丰富的剖面关系。

2. 展厅设计

　　设计者在中部空间设置了阶梯式展厅，通过直跑楼梯以台阶空间的方式将参观者引至二层展厅，建筑内部空间节奏感强烈。首层展示空间内也设置了部分通高，通过独立直跑楼梯通向二层空间，产生了丰富剖面空间。

3. 特殊结构

　　建筑中采用了密肋梁的特殊结构，通过薄板和间距较小的肋梁搭接，结合外围一圈坡屋顶体块，产生出较为丰富的建筑形态。

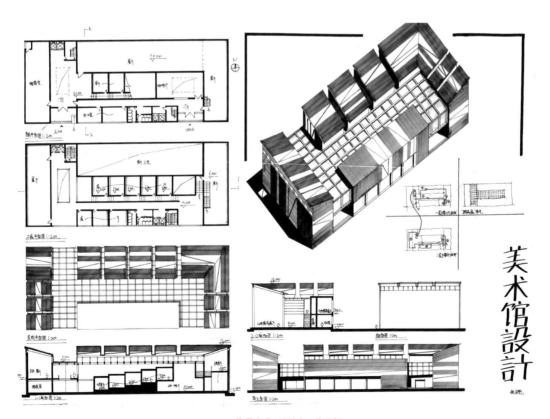

作品表现 / 设计者：张田钰

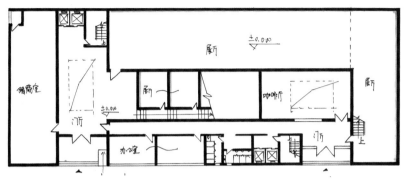

一层平面图

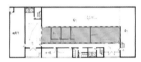

嵌套式平面布局，将不需要
采光的展览空间放置在中心，
同时起到了划分空间的作用。

辅助空间沿建筑边界布置
与外界联系紧密；储藏直
接对外，办公南向采光。

分析图

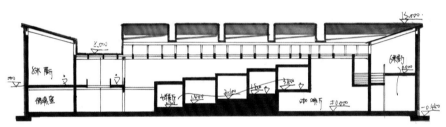

剖面图一

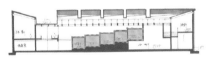

展厅结合台阶布置起到了缓慢过渡上下层空间的作用，
也增添了剖面空间的趣味性。然而台阶尺度要满足展厅
尺度的需求。

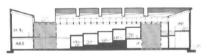

通高空间结合门厅与咖啡厅布置，提升了开放空间的流
通性，丰富了空间体验。

分析图

剖面图二

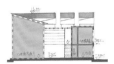

小空间叠落减少与
12m 高展墙的高度
差，使建筑体量在整
体上保持和谐。

分析图

12.3 独立式住宅设计

题目中的独立式住宅位于一片平地上，场地内现存一棵桂花树，因而在剖面设计中要考虑不同标高处空间对于桂花树景观的呼应。题目要求建筑地面上体积控制在 500m³ 空间内，所以也要考虑在限定的空间内进行合理的功能排布与形体设计。同时也要考虑住宅私密性设计、动静分区、卧室的南向采光，在保证私密性的同时，应尽可能多地使房间都获得南向日照，以提供健康、舒适的生活品质。就该方案的剖面设计来看，建筑功能组织明确，形式内容丰富，下面将从以下三个方面对方案进行评析。

1. 功能组织

客厅餐厅等公共空间位于底层，起居室、卧室、书房位于二、三层，满足了竖向动静分区的要求。楼梯围绕中庭布置，形成通向环形流线功能，流线组织有效回应了景观。

2. 架空手法

设计者将二层架空，卧室均被置于南侧，所有功能空间均可获得良好景观和南向采光。中间层架空，平台呼应景观，桂花树作为偏于一角的点景，也得到了较好的应对。

3. 天窗设计

方案为典型的中庭式空间，可以通过两侧楼梯环绕而上达屋顶观景平台。

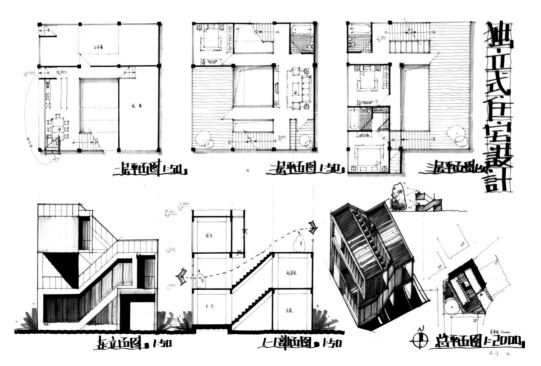

作品表现 / 设计者：吴晓航

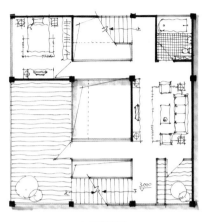

平面采取围合式布局，获得完整的
建筑轮廓，局部设置平台，形成虚
与实的对比。

二层平面图

围合形成了中心庭院，提升了室内
空间的光环境质量。通高结合交通
空间，提升趣味性。

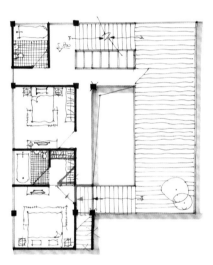

三层的实体空间和平台与二层形成
错位，就可以在立面上形成不同的
虚实感。

中心围合庭院的形态在三层也发生
改变，形成了异于常规的庭院纵向
形态。

三层平面图

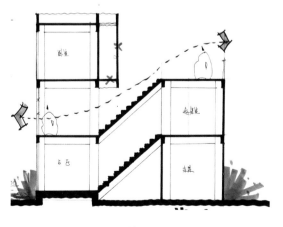

错位的室外空间在剖面上形成了中
间层架空和屋顶平台，形成了连贯
的通透的空间效果。

剖面图　　　　　　　　　　　　　　　　分析图

12.4 顶级艺术画廊设计

题目中的小型画廊在废弃旧有建筑顶部加建而成，原结构为无梁楼盖体系，因此需要考虑新旧建筑结构和交通的衔接。题中提示加建建筑要考虑与仓库建筑体量的关系，所以也需要思考对于新建筑的形态控制。就该方案的剖面设计来看，整体功能区分明确，建筑流线清晰，下面将从以下五个方面对方案进行评析。

1. 功能分区

设计者采用竖向分区，将原空间自然地分作了两层，下层将辅助办公收归一侧，上层为展览空间。通过室内大台阶、景观直跑梯与两部疏散楼梯将两层进行多样联系。竖向分区的方式既能满足各功能使用中密切联系的需求，又创造出必要的分隔条件。

2. 架空设计

方案中画廊二层运用了架空的设计，既提供了室外咖啡休闲空间，所产生灰空间的营造，又能作为室内观展空间的延续，提升了室内外空间的丰富度。

3. 通高设计

展厅空间结合通高进行设计。设计者将主要艺术展示区置于画廊顶层，透过通高空间一二层展厅，视线随流线交错，在光线流转下丰富了建筑内部空间的体验。

4. 屋顶平台

方案设计了连接室内外的环通流线，巧妙地结合台阶式屋面设置屋顶平台，提供了随观展流线并置与交接连续的休憩空间。

5. 天窗设计

屋顶天窗的设计暗示了内部两层的通高展厅空间，作为室内主要的光线来源，在渲染出空间效果的同时满足了展览照明的功能需求。

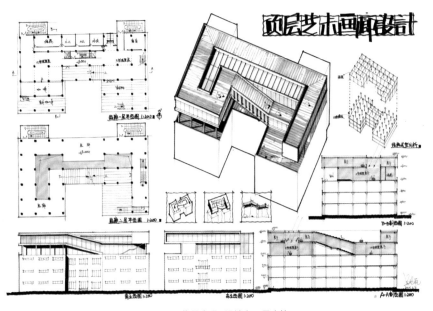

作品表现 / 设计者：吴晓航

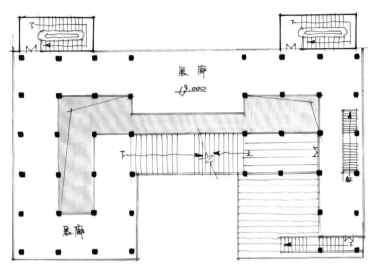

二层平面图

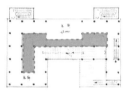

条形的通高空间划分了展厅空间，强调了流线感。

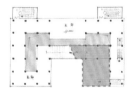

二层平面屋顶平台结合室内交通设置室外台阶通向屋面，保持了空间处理的一致性也形成了富有变化的造型。

分析图

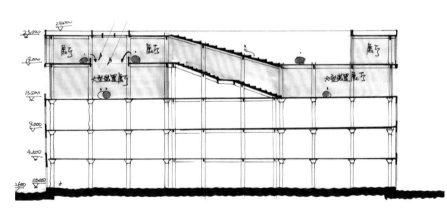

剖面图

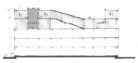

通高的介入打破了大空间的沉闷，结合天窗引入了自然光线。

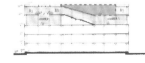

将台阶结合屋顶设计可以在形成斜屋面的同时营造屋顶交往空间。

分析图

12.5　SOHO 艺术家工作室设计

　　题目中的 SOHO 艺术家工作室位于产业园区中，园内中央景观处有一片荷花塘，应考虑建筑与景观建立的紧密联系。北面有展览馆，应考虑由北向来工作室参观的人流。题中要求的功能较为复合，因此在剖面设计时应考虑办公居住功能合理分区，同时注意景观朝向和南向采光。就该方案的剖面设计来看，分区明确，形式操作清晰，下面将从以下四个方面对方案进行评析。

1. 功能组织

　　设计者采用了竖向分区的布局方式，将展览区布置在底层，工作会客区放置在首层部分，而相对安静的居住部分则置于顶层。动静垂直划分，各功能既互不干扰，又有着适当的联系。一层入口布置会客厅、二层沿廊桥进入门厅，这种双首层的设计方式既巧妙，又使功能分区更加清晰可辨。

2. 入口设计

　　北侧入口处，以台阶式的绿化化解了高差，利用下沉庭院空间创造出集散区域，产生了建筑与其外部环境之间的过渡空间。同时二层的入口以架空廊桥进入建筑，营造出了廊下灰空间，给使用者提供了驻足之便。

3. 室外平台

　　方案中采用中间层架空的方式，错动的体块产生出微妙的平衡感，形成了呼应景观的室外屋顶平台，外立面鹅卵石材料的运用既回应了题目又产生出重力感。

4. 天窗设计

　　天窗的设计对应着建筑内部的通高空间，暗示出门厅功能空间，产生了较佳的空间采光效果。

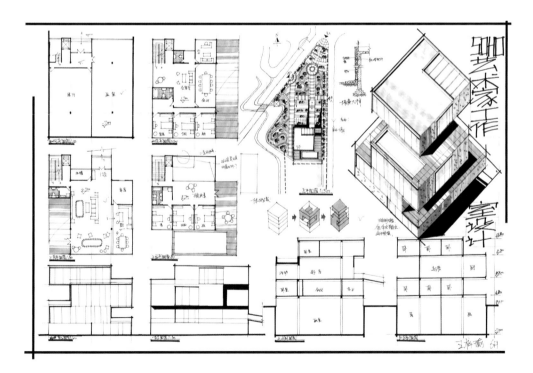

作品表现 / 设计者：王梓瑜

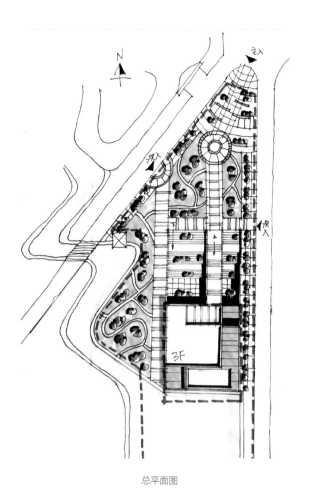

利用下沉和架桥两种手法将地表路径分为两个层次，桥元素结合优美的下沉庭院形成了富有趣味性的入口空间。

场地布置中路径的引导性通过铺地纹理与节点的布置来强调。

总平面图

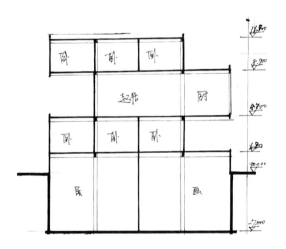

剖面图

家庭空间与工作室在垂直向进行分区。上部私密性较强的区域布置家庭空间，顶层最为私密的空间布置主卧。

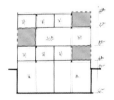

通过中间层架空与屋顶平台的设置，形成了体块推拉的建筑形体。

分析图

12.6 规划馆设计

题目中的规划馆展示馆建筑周围景观良好，紧邻体育公园。因而需要考虑建筑与环境的关系，尊重城市原有肌理。由于建筑功能较为复杂，所以在剖面设计上需要处理好建筑功能布局以及空间模式，考虑与周边体育公园、体育设施及中心横河景观等的尺度关系和空间关系。就该方案的剖面设计来看，功能布局合理，空间收放有度，形体雕塑感较强，下面将从以下三个方面对方案进行评析。

1. 功能分区

方案采用了竖向分区的功能布局方式，参观者在首层拾级而上，通过两个大台阶均能够到达二层观景平台。一层、二层均设置了观展流线的启始点，双首层的布置方式体现出设计者对于建筑中功能复合性的巧妙设定。

2. 空间组织

设计者在设计中以大小空间垂直叠加的布局方式，将辅助功能如办公室、会议室、馆长室等小空间置于建筑底层，而将开放空间层分别叠置于上部，流线清晰流畅。

3. 剖面策略

建筑通过部分架空形成了诸多灰空间，在与屋顶平台、挖空庭院的有机结合中，有效地应对了场地环境与既有景观。室内中庭沙盘展区在设置了通高空间的同时，结合了天窗采光，既满足了采光又促进了室内通风，使剖面空间产生出流动感。

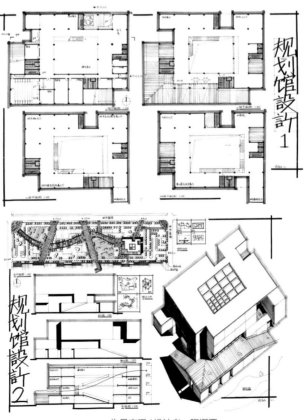

作品表现 / 设计者：程泽西

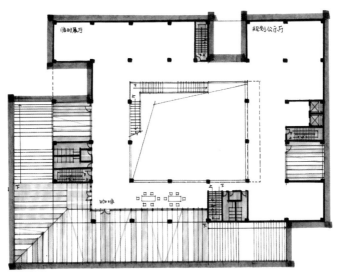

二层平面图

主入口设置在二层,办公入口设置在一层,实现了不同人员的分流效果。

辅助空间呈点状布置均匀分布在平面内部,保证疏散距离。

分析图

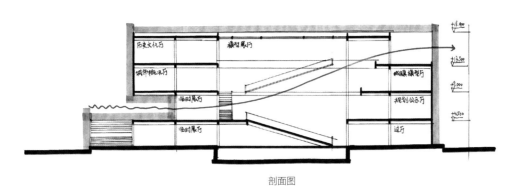

剖面图

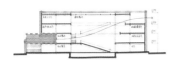

主入口平台处设置中间层架空,为入口提供灰空间,丰富建筑形体。

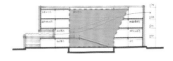

建筑中心结合沙盘功能设置通高空间,使各层的游客可从各个高度和角度观看。通高空间设置退台,形成更为丰富的空间效果。

分析图